NHK BOOKS
1243

生物の「安定」と「不安定」

生命のダイナミクスを探る

asashima makoto
浅島 誠

はじめに

危険な目にあったとき、心臓がどきどきして体が震え、息が荒くなった経験はないだろうか。これは、生き物としての原始的なはたらきで、「戦うか逃げるか反応（fight or flight response）」と名づけられている。自分を脅かすものに直面したとき、身を守るために、戦うのか、あるいは逃げるのか、そのどちらの行動もとりやすいように自分の体を変化させるのである。意識されないが、このとき体の中では、血流のために筋肉の血管が拡がったり、呼吸のために気管が拡がったり、エネルギー源を増やすために血糖値が上がったりしている。

「戦うか逃げるか反応」は、アドレナリンというホルモンが引き起こす。脳が危険を認識するとアドレナリンが分泌（ぶんぴつ）され、血中を伝わって身体に変化を引き起こすのである。この種の一連の反応を「環境応答」と呼ぶことがある。状況の変化に対し、生き物の側でも変化を起こすことを指す。環境応答は、「生命とは何か」を定義するときに必要な、満たすべき条件の1つである。

周囲の状況が変化しないときや体を動かしていないときにも、体内では物質が変動している。体を維持するためである。全身に酸素を運んでいる赤血球は、1秒間あたり230万個つくられ、同時に壊されている。生き物の内部では、何をしていても、物質がダイナミックに入れ替わり続けている。変化への応答や体の維持など、環境に適応し、種を保存する仕組みを備えた生き物だけが、これまで生き残ってきたのである。

つねに変動しつづけている生き物の本質を理解するうえでは、細かい構造をどれだけ解明しても追いつかないところがある。イモリやカエルを相手に研究を行ってきた筆者は、生命という出来事の複雑さに驚かされ、また悩まされてきた。思い通りの実験結果をすぐに出してくれるほど生き物は単純ではない。構造が解明されたとしても、構造どうしの関係の方が重要であったりして、その把握の道のりは試行錯誤の連続である。そのような中で気づいたのは、生き物の、「安定」に向かおうとする動きと、それと矛盾するような「不安定」に向かおうとする動きである。

生き物は環境の変化に直面すると、元の安定的な状態に戻ろうとして、例えばホルモンを分泌する。ホルモンは通常、役割を果たすと、フィードバックという仕組みを通じて働きが弱まる。しかし何らかの理由でフィードバックが働かないと、ホルモンの働きが治まらなくなったり、体内の組織を損傷したりする。このように、変化を起こして安定化を目指す動きは、別の面での不安定化を引き起こしかねない。生命や身体をつくり上げたり、維持したりするうえで必要な仕組みが、別の面ではそれを損なうような働きを持つ。この矛盾する二つの方向性が同居するダイナミックな場として生き物を捉えてみたいと考えるようになったのである。

地球上に1千万種いるという多様な生き物のほとんどは、共通して、命の根底にDNAという物質構造とそれに基づく機能を保持してきた。これによって生体を維持し、次世代をつくる。この働きを安定化しようとする力は多少の環境変化をもはね返す。しかしある種の変化は修復が不可能になる。細胞が異常を起こし、他の組織への悪影響が止まらなくなる。その例が「がん」である。ヒトを苦しめているこの病気も、もとからある遺伝子の仕組みが原因となっている。

生き物について考えるなら、その相手は個体だけでは済まない。世代の継承、生命の歴史からものを考える必要も出てくる。これまで〝栄えすぎる〟生き物は往々にして滅びてきた。いわゆる大絶滅は環境要因が大きいと言われるが、ひっそり生き残る種もあった。その子孫がヒトである。こう見てくると、今もっとも繁栄している種であるヒトの将来も気にかかってくる。

生命科学、とりわけ遺伝子の研究は、日夜驚くべきスピードで進んでいる。しかし生き物のことも、ゲノムのことも、まだ分からないことばかりである。

本書は、ＤＮＡの基礎構造の解明から始めて、細胞の働き、個体の病気や老化、生物と生命の歴史（ナチュラル・ヒストリー）にまで至る、生命に対する1つの見方を提案することを目的とする。そこでは、安定化と不安定化という、生命における二つの方向性（力）の交錯を明らかにしながら、生き物の本質とは何かという大きな問いへの答えを出すことを目指している。生命現象を生み出す複雑で精妙な働きの解明から、生き物が持つ強靭さとしなやかさ、また弱さともろさを、実感してもらえたら幸いである。

目次

第5章 老化と寿命を考える

校　　閲　山本則子
ＤＴＰ　コンポーズ（濱井信作）
図版作成　原　清人
編集協力　三好正人

第1章

ゲノムからタンパク質までの情報の流れ——構造と機能は表裏一体

第1節　ゲノムと遺伝子発現

20世紀生命科学最大の発見

古代から今日まで続く生命科学の流れは、1953年を画期として大きく変わる。この年、イギリス出身のフランシス・クリックとアメリカのジェームズ・ワトソンが、ヒトを含むすべての生物の遺伝情報を決める「遺伝子」の構造について、注目に値するモデルを提唱した。

誤解されがちだが、彼らは二重らせんを「発見した」わけではない。それまでに、遺伝子の本体が「デオキシリボ核酸（DNA）」であることはわかっていた。また、DNAが非常に細長い分子であり、「ヌクレオチド」という単位がリン酸を介してつながっているらしいことなどは、モーリス・ウィルキンスなどによってすでに提唱され、認められつつあった。さらに、ウィルキンスと同僚でX線写真を解析していた女性科学者ロザリンド・フランクリンが、このＤＮＡはどうやら二本鎖のような形をしているらしいこと、それはらせん階段のような形で、らせんの回転半径はおよそ1ナノメートル、らせん1回転の長さが3・4ナノメートルであろうことを推測していた。そして、それは正しかった（ふだん用いられない単位を容易に想像してもらうために、必要に応じて身近なスケールに変換しよう。ナノメートルは10億分の1メートルだから、らせんの半径は1ミリメートルの１００万分の1の長さ、らせん1回転の3・4ナノメートルは１ミリメートルのおよそ29万分の1の長さである）。

　では、ワトソンとクリックの業績とは何か。それは、ヌクレオチド内部の分子構造を解明したことである。ＤＮＡの２本のらせんは、ヌクレオチドという単位が連なった構造をしている。これは細かく見ると、糖、リン酸、塩基からなる。ＤＮＡの塩基は4種類あり、アデニン（A）、グアニン（G）、シトシン（C）、チミン（T）である。ワトソンとクリックは、ウィルキンスを介してフランクリンの推測について知ったうえで、彼女が解明できなかった塩基の並び方についてモデルを提唱した。具体的には、図1―1のようにAがTと、CがGと、それぞれ分子構造の端にある水素原子を共有するかたちで結合（水素結合）していると、科学雑誌『Ｎａｔｕｒｅ』に発表した。ａが二重らせん構造、ｂが塩基対（後述）のモデルである。ワトソンとクリック、

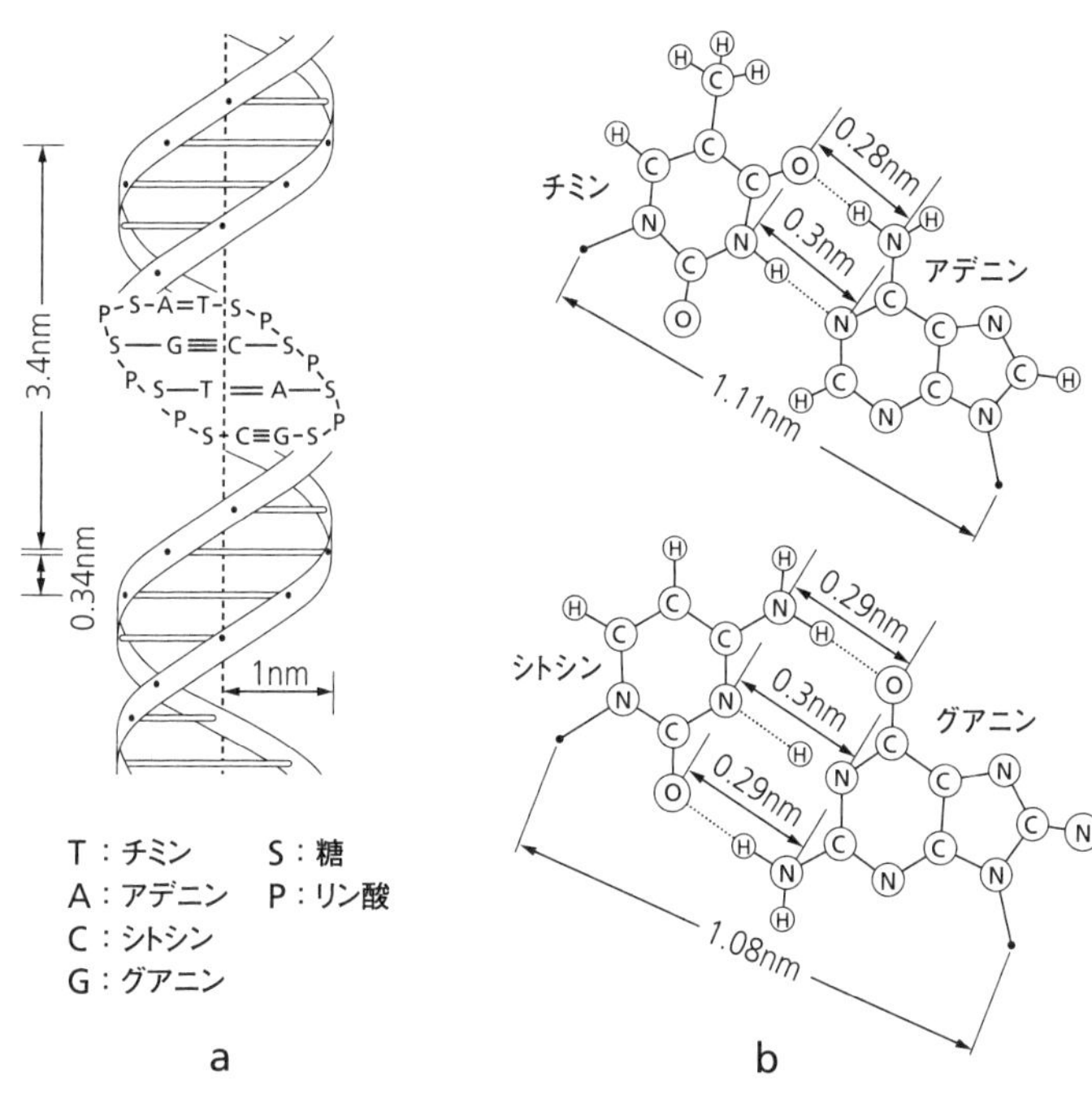

図1–1　DNAの二重らせんと塩基対の分子構造

ウィルキンスは1962年にノーベル生理学・医学賞を受賞する。彼らが評価されたのは、この4種類の塩基の並び方によってすべての遺伝情報（ゲノムgenome）は決まるというモデルが正しかったことが、その後証明されていったからである。

これは、「20世紀生命科学最大の発見」と呼ばれるに足る意義をもっていた。大まかに言えば、それまで細菌学、進化学、遺伝学、発生学などが、基本的にそれぞれの分野で個別に探究されていた状況が大きく転換し、以後、生き物に関わるあらゆる研究が「分子の言葉で語られる」ようになったのである。今では「生命科学」と総称されるこれらの分野は、DNAという「遺伝子の本体」の解明なしには探究が進まないものであった。それが、DNAの分子構造が明らかになることによって、分子が、生命現象を説明するための「共通言語」になったということである。こうして、諸学問に共通する基礎科学として「分子生物学」と呼ばれる分野の研究が盛んになった。筆者が研究に従事してきた発生学も重大な影響を受けたことは言うまでもない。

さらに今日では、実用・応用分野においても、遺伝子としてのDNAの利用が非常に盛んになっている。例えば、農業において収穫量の多い品種を開発したり、工業材料を微生物が分解できるもの（生分解性プラスチックなど）に変えたり、また特に医療において、がん治療で使われる「分子標的薬」の開発や、再生医療分野での医療技術の研究・発展が目指されている。こうした、農業から工業、そして医療にわたる産業への応用すべての根本に、1953年の発表が位置づけられるのである。

ヒトゲノム解読の意味

ワトソンとクリックの発見からちょうど半世紀後の2003年、ヒトのゲノムの「解読完了」宣言が行われた。1990年代以来の念願であったこの達成は、正確には、「ゲノムの99％が解読されたと考える」という報告であったが、いずれにせよ、ヒトという種が存在するための条件、つまり、ヒトという種が、チンパンジーやゴリラではなく、ヒトの形態と性質を完全に保つために最低限これだけは必要という遺伝情報が把握されたという宣言であった。

しかし、解明によってかえって謎が深まってしまう面があった。DNAの構成をおさらいしながら謎の誕生を見てみよう。

ワトソンとクリックが提唱した塩基の組合せはAとT、CとGで、それぞれの1セットを「塩基対」と呼ぶ。ヒトの体細胞の核内にあるDNAすべての塩基対は約30億対だが、このうち一部が約2万5千種類の「遺伝子」を構成する。そして遺伝子が、10万種ともいわれるタンパク質を作らせる指令を出している。じつは、タンパク質を作らせる遺伝子がゲノム全体に占める割合は、全塩基対のうちのわずか1・5%〜2%に過ぎない。それ以外、つまり大半の塩基対はいったい何に働いているのか分からなかったため、「砂漠desert地帯」と当初は呼ばれた。また、「役に立たない」DNAという意味で「ジャンクDNA」と名づけられた。

ゲノム解読と並走するように進んだ研究で、どうやらこの〝砂漠〟であったはずのDNAから、タンパク質のはたらきを制御する指令が出ているのではないかという見解が出されるようになり、現在ではその可能性が広く認められている。かつて、ヒトのゲノムのすべてが解読されれば、ヒトの体の仕組みがすべて解明できると思われたことがあったが、解読が終わりに近づくにつれてそうではないことがわかってきた。20世紀半ばの発見は、21世紀初頭の新たな問題の発見につながったのである。

「情報の流れ」としてのセントラルドグマ

ワトソンとクリックのＤＮＡ構造の発見は、「タンパク質をつくるための仕組みの解明」という意味をもった。なぜそれが重要かといえば、タンパク質は生き物の体の構造を成り立たせ、かつ機能を働かせている物質そのものだからである。

クリックは自らの説を「セントラルドグマ」と呼んだ。生命科学の中心となる教義という意味である。彼らは、遺伝情報がＤＮＡからＲＮＡへ「転写」され、さらにはＲＮＡからタンパク質へと「翻訳」されて一方向に〝流れる〟ことを提唱した。この遺伝情報の流れは、地球上のあらゆる生物に共通する重要な原則である。

この流れに先立って、「複製」という段階がある。ＤＮＡのもつ遺伝情報が、複製されてもう一度ＤＮＡになるプロセスである。例えば発生の最初期、卵が胚になっていくとき、１つの細胞が２つに分裂し、２つの細胞が４つに、と引き続き分裂していく。分裂直前の細胞では、細胞核の中にひも状の物質が現われており、それが徐々に２つに分かれていく。ひも状の物質は「染色体」であり、分かれたあと、それぞれが新しい細胞核に収まり、２つの細胞が生まれて、複製が終わる。ほかにこのような複製が起きる顕著な例は、第２章で述べる、発生から成体に至るまでの細胞の増殖過程や、第４章で取り上げる、免疫の分野における、造血幹細胞が分化する前の段階などであろう。

クリックが特に重視したのは、DNAからタンパク質の合成へと至る「転写」と「翻訳」のプロセスである。「転写」とはDNAの構造がRNAに写し取られることを指す。DNAは2本の糸（A、B）が鎖状につながっている形だが、これが一時的にほどけて分かれ、AかBどちらかに対して、「相補的」（後述）な構造の新しい1本（メッセンジャーRNA）ができる。これを転写と言う。このとき、転写がAについて行われるならメッセンジャーRNAの構造はBと同一になり、BについてならAと同一の構造になる。転写のあと、RNAは「リボソーム」という巨大なタンパク質複合体において「翻訳」され、アミノ酸が集められる。集まったアミノ酸が結合され、連なることによって、各種のタンパク質が生まれていく。遺伝情報はこのようにDNAからRNAへ「転写」され、さらにはRNAからタンパク質へ「翻訳」される形で、一方向へと流れていく。この「転写」から「翻訳」の流れをまとめて「セントラルドグマ」と呼ぶのである。

セントラルドグマが表しているのは、「生体情報」の流れである。情報というとマスメディアやインターネットを通じて流れるニュースや知識がイメージされがちだが、DNAに含まれているタンパク質合成のための手がかりこそは、生き物にとって必要不可欠な情報である。生き物の体は情報が行き交う場である。それも、絶えず大量の情報が駆け巡っている場なのである。

DNAは変異する

セントラルドグマはDNA→RNA→タンパク質という流れとしてあり、生命が活動していくためには、この流れが安定していることが重要である。しかし、まったく揺るぎのないものかというと必ずしもそうではなく、実はそれぞれの段階において変化は起こりうる。それは生命の不安定さとつながっている。

例えば、DNAの「複製」過程で、塩基配列中のAがGに、またCがTに置き換わってしまうことがある。これは突然変異の一種で、1つだけでも塩基が置き換われば遺伝情報も変化する。その変化は、メッセンジャーRNAによって「転写」され、さらに「翻訳」されてアミノ酸を生成する場合、それらが組み合わさってできるタンパク質は別のものになってしまう。

具体的に考えてみよう。DNA中、C・T・Cという並びがあったとする。2本鎖がほどかれてメッセンジャーRNAへ転写される場合、「相補的に」、その部分はG・A・Gという並びになる。メッセンジャーRNAが核膜孔という穴を通って核外に出て、細胞質の中でアミノ酸を合成するもととなる。

塩基は3つが1セットでアミノ酸を指定する(図1―2)。G・A・Gの1セットが指定するのはグルタミン酸というアミノ酸である。グルタミン酸は、プロリン(C・C・Aなどが指定)やトレオニン(A・C・Gなどが指定)など別のアミノ酸と「ペプチド結合」してヘモグロビン

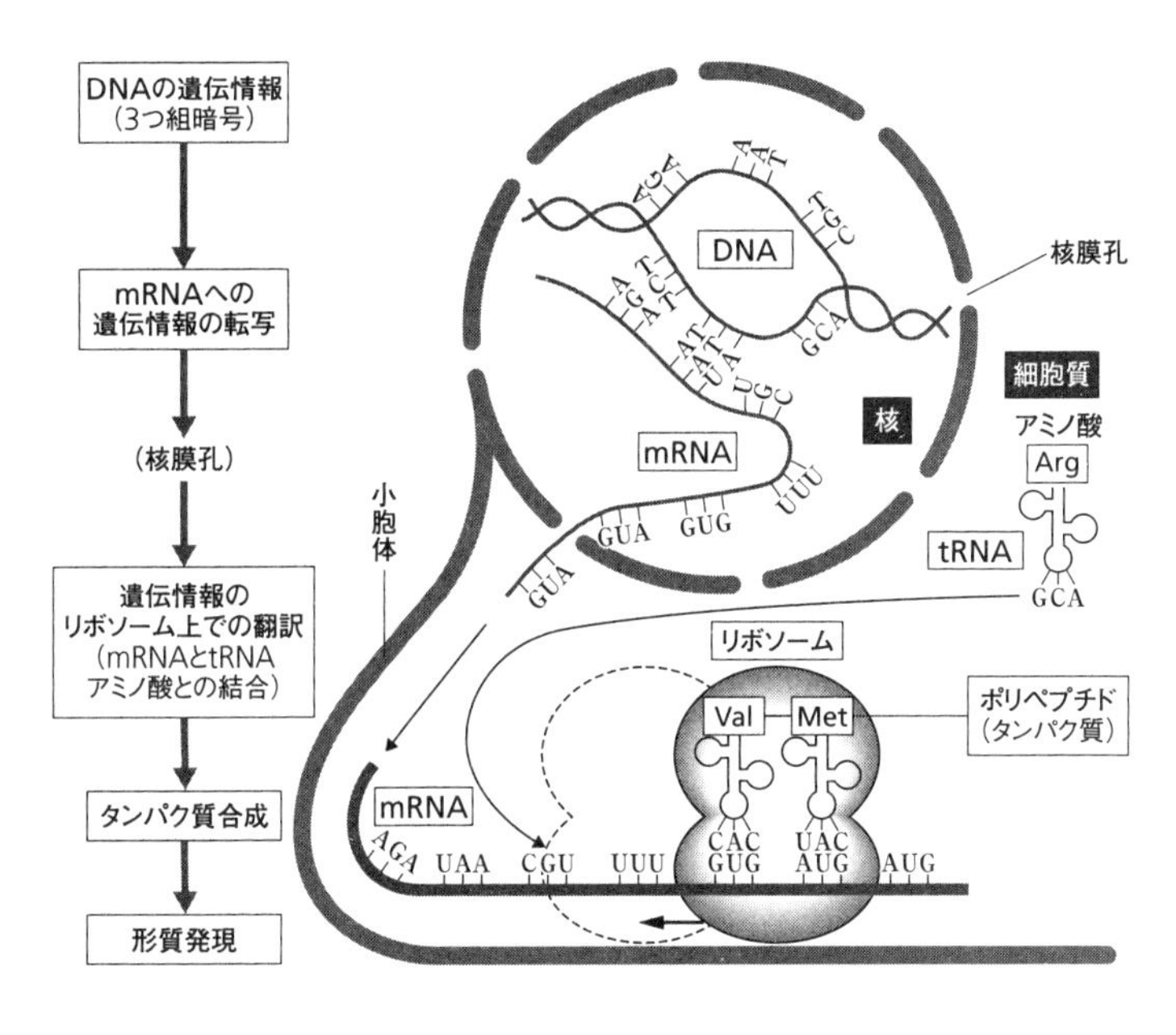

図 1–2　DNAからタンパク質への転写と翻訳のモデル図

というタンパク質をつくったりする。「ペプチド結合」とは、アミノ酸とアミノ酸の結合形式を特にそう呼ぶ。正常なヘモグロビンを含む赤血球は縁の厚い円盤状をしており、血液中の赤血球の主要成分として酸素を運ぶ役割を担っている。

仮に、DNAの複製過程で、右の最初のDNAのTがAに置き換わってしまい、C・A・Cの並びになってしまったとしよう。するとメッセンジャーRNAは相補的にG・U・Gとなる（DNA内ではAに結合するのはTだが、RNAではTの代わりにU〔ウラシル〕を使う）。このセットはバリンというアミノ酸を指定する。そうするとバリンを用いたヘモグロビン（鎌状赤血球ヘモグロビン）が作られることになり、このヘモグロビンを含む赤血球は、通常の円盤状ではなく鎌の刃のような三日月形になる[*1]（図1―3）。このせいで貧血になったり、血管が詰まりやすくなったりしてしまう。たった1つの塩基の変化で、赤血球は形から機能まで変わってしまうのである。

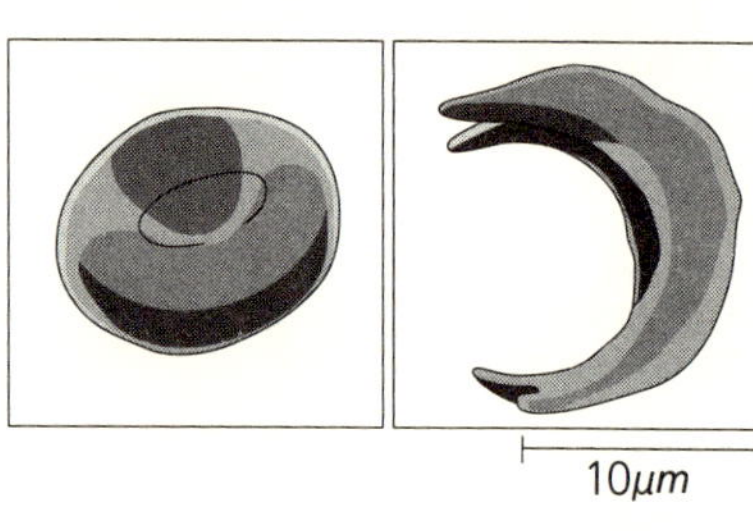

図1–3　鎌状赤血球（右）と正常な赤血球（左）

　一塩基の置換はもっとも小規模な変異だが、複数の塩基を含む大きな領域で置換が起きることがある。また、置換でなく単に欠損してしまうこともある。DNAに変異がなくてもRNAが壊れることがある。そうするとやはり別種のアミノ酸が生成されて、以前とは違う種類のタンパク質が作られることになったり、そもそも作られなくなったりする。それだけでなく、大きく変異した遺伝情報に基づいて作られるタンパク質は、機能に問題があり、生存に不利になる。しかも鎌状赤血球をつくるDNAは子孫に伝わるのである。このほか、体表面の色素が欠損するために起きる白化個体（アルビノ）がある。白色の個体は目立つため、外敵を避けての生存が難しい。また見た目が異質なために繁殖の機会を逃していることもあり得る。

遺伝子の突然変異

鎌状赤血球へモグロビンをつくるDNA変異は、遺伝子の本体であるDNAの構造が変化して起こる「遺伝子突然変異」である。遺伝子突然変異は、じつは頻繁には起きない。

DNAが複製されるときには、DNAポリメラーゼ（DNA合成酵素）がはたらいて、新しいヌクレオチドの鎖が作られる。このとき、結合されるべき塩基は、あらかじめ合成されたものが核内に分散しているが、DNAポリメラーゼは結合すべき塩基を取り違える場合がある。これが右に述べた置換である。どれぐらいの頻度かといえば、ヌクレオチドの1万個の結合につき1回程度である。ヒトは30億の塩基対（ヌクレオチド）をもつため、1回複製されるたびに間違いが累積されていけば、30万カ所の間違いが生じる計算になる。しかし、DNAポリメラーゼには、誤った塩基を正しい塩基と入れ替える修復機能がある。これによって間違いは10億の塩基対につき1つという頻度まで抑えられ、30億でせいぜい3カ所の間違いで済んでいるのである。DNAの複製間違いは、それが遺伝子発現領域であれば看過できないが、前途したようにDNAの98％以上は非発現領域である。したがってこの間違いが問題になる確率は非常に小さいのである。

複数の塩基にわたる広い領域での変化について、ワトソンとクリックよりも前に画期的な提唱をした女性遺伝学者がいた。バーバラ・マクリントックである。まだDNAの構造も明らかになっていない1951年に彼女は、遺伝子の一部がまるでジャンプするかのようにして、別の領域へ移動することがあると主張した。トウモロコシの交配実験を繰り返して、斑入りと呼ばれる粒の色を観察していたところ、鉄則と思われていた「メンデルの法則」に従わない色の粒が出てきたのである。これは、ＤＮＡが固定されていると考えるとまったく理解できない現象であった。特定の塩基配列がＤＮＡ上で位置を転移することで、粒の色がさまざまに変化するのである。

これはトランスポゾン（動く遺伝子）と名づけられ、ＤＮＡが常に安定的だとは限らないことを示す例となった。長い間、ワトソンらに認められなかったがマクリントックの信念は変わらなかった。彼女はこの功績により、１９８３年に81歳でノーベル生理学・医学賞を受賞している。トランスポゾンはのちに、当初よりはるかに大きな意味をもつことになる。それは、生命を起源からたどるとき、種が分かれていく過程において、このトランスポゾンが重要な役割を果たしていると考えられるようになったことと、がんや筋ジストロフィー、精神疾患など現代の病気に影響を及ぼしていることが明らかになり始めたからである。つまりトランスポゾンは種の分化と変化への適応という安定化の方向性と同時に、大きな疾患という不安定化の方向性ももたらすものであった。

刺激による変異と修復機能

ＤＮＡの変化には、Ｘ線や紫外線、放射線、マスタードガス[*2]など化学物質が関わることがある。

これらによってDNAが直接的に損傷されるのである。この場合、損傷部分を見つけ出し、周囲から切断して、DNAポリメラーゼが欠けた部分に再び正しい塩基を結合させる仕組みがある。その上で、DNAリガーゼ（DNA連結酵素）が働いて、切れていた遺伝子を連結させて修復するのである。

塩基のTやCは強い紫外線を受けると、隣り合った塩基同士が（TT→Tのように）結合してしまう。それを複製する際、DNAポリメラーゼが塩基の情報を正しく読めなくなると、新しいヌクレオチド鎖の配列が不安定化する。あるときには結合部分を「T」と認識して相補的に「A」が配列され、また別の機会には「TT」と認識して「AA」が配列されるというようなことになると、複製のたびに異なる配列のDNAが生まれることになり、「がん原遺伝子」を活性化してしまったり、「がん抑制遺伝子」の機能が損なわれたりして、細胞ががん化してしまうこともある。がん関連遺伝子については第2章、第3章で述べよう。

ある意味で驚くべきなのは、強い紫外線を浴びて起きたこの種の変化は、普通の光（可視光）を浴びることで復旧しうるということ（残念ながらヒトには失われた能力）である。T2つが結合した部分へ光を当てると、そこは「開裂」し修復されることがある。これは光を受けて活性化する酵素（光回復酵素）の効果である。古来、地上の生き物の生活は紫外線との闘いでもあった。長い歴史の中で、DNAをめぐってはこうした、複製を安定化する仕組みが備わっているのである。

このように、複製や転写などの各段階で起こる変化に対しては、修復して安定させる機能が準備されていることもあるが、すべての場合においてうまく修復できるわけではもちろんない。修復には限度がある。それを超えると、タンパク質がもつ機能に障害が出てくる。それが病気と呼ばれる状態につながっている。

後天的な性質の獲得と遺伝

また近年わかってきたのは、ゲノムから遺伝子が必ずしも同じように「発現」するとは限らないことである。発現とは現在非常に重要な概念で、「メッセンジャーRNAとタンパク質が合成されること」を言う。そして、場合によっては発現の仕方が違う——同じ遺伝子配列が違うタンパク質を合成してしまう——ことが明らかになったのである。これが「エピゲノム」という新しい概念であり、ヒトゲノムの解読が進んだ2000年ごろから研究が盛んになってきた。「ゲノム」に「エピepi（後の）」という接頭辞がついているとおり、ゲノムが後天的に本来と異なる働きを獲得することを表す言葉である。

DNAの塩基でCのあとにGが続く配列があると、Cにメチル基（CH_3）がつく（メチル化という）ことがある（図1―4）。メチル化されると転写が進みにくくなるため、その遺伝子の発現は抑制されることになる。また、DNAはヒストンと呼ばれるタンパク質に巻きついているが、このヒストンにアセチル基（CH_3CO）がつく（アセチル化という）と、逆に遺伝子の活性化が起こって転写が促進されることが知られている。DNAのメチル化にせよ、ヒストンのメチル化やアセチル化にせよ、DNAの塩基配列は変わらないのに、遺伝子が後天的に「修飾を受け」て、発現のしかたが大きく変わってくるのである。

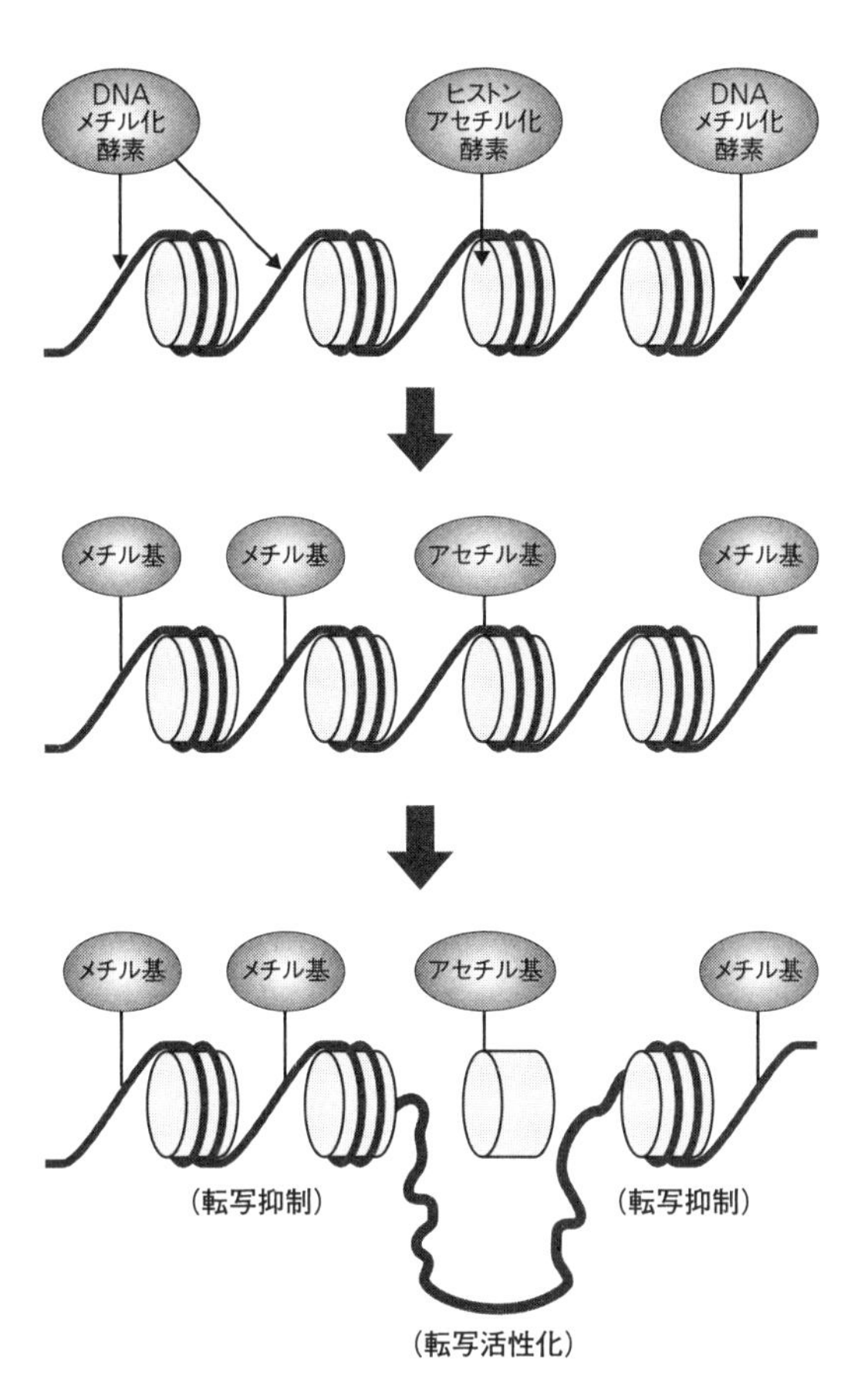

図 1–4　アセチル化とメチル化によるヌクレオソーム構造の変化

しかも、細胞分裂のときに、新しく生まれた細胞にもその修飾は受け継がれていく。親から子へは遺伝子のゲノムだけが伝わると考えられてきたが、メチル化を受けたD

ＮＡやアセチル化、メチル化したヒストンという形で環境要因による変異も伝わっていく。つまり、生物はゲノムという塩基配列の並び方や先天的な遺伝要因だけでその形質が決定されるのではなく、アセチル化、メチル化などによる後天的な環境要因の影響を強く受けるのである。

生き物の例でみてみよう。ミツバチの社会には女王バチがいるが、最初から女王バチとして生まれてくるわけではない。働きバチがつくったロイヤルゼリーを食べて育った幼虫がその後女王バチとなり、ロイヤルゼリーを食べずに育った幼虫は働きバチになるのである。女王バチは働きバチの3倍ほどの大きさがあり、寿命も長いものでは5年と、1年足らずの働きバチと比べて長い。ちなみにオスのハチは最長でも半年ほどである。

この仕組みをよく調べてみると次のようなことが分かった。受精卵からメスのハチが生まれるとき、その遺伝子は、将来、卵巣形成にブレーキがかかるようプログラムされている。というのは、生殖細胞から発生初期の段階にかけてのＤＮＡは、あまりメチル化されておらず、すべての遺伝子が発現しうる状態にあるが、発生が進むと細胞が分化して、それぞれ違った領域のＤＮＡがメチル化され、分化の可能性が狭まるのである。ここでは、卵巣形成にかかわるＤＮＡがメチル化されるようになっているのである。このプロセスに従うと働きバチ（すべてメス）が生まれる。しかし、もし幼虫がロイヤルゼリーを食べると、ＤＮＡのメチル化は回避され、卵巣が形成されて女王バチとなる過程をたどるのである。ロイヤルゼリーには、ＤＮＡをメチル化する酵素のはたらきを抑制する効果があると考えられている。食べ物という環境要因がＤＮＡの発現に大きく影響を与え、卵巣形成という形で次の代にも影響を与えていることになる。
「DNAに刻み込まれている」というような言い方がよくなされるが、含意はDNAの遺伝情報が確固として決まっていて変化の余地はないもの、ということであろう。しかし現実には遺伝子の突然変異や人為的な刺激によって変化が起こっている。その変化を復旧させて安定性を保とうとする働きが、先述の修復機能である。これについては第5章でも述べるが、生体の安定化への強い志向の現れであると言える。

かと思えば、DNAに変化はなくても、DNAからRNA、さらにはタンパク質へと情報が流れて行く過程で、DNAが変異したのと同じかたちで（遺伝子突然変異や人為的な刺激によって）変化が起き、タンパク質の形成に異常を来たすこともある。そして、異常が2本の染色体の両方にわたっているのでないかぎり、つまり片方の異常だけでは重篤な症状には至らないという、安定を確保するための緩衝帯のような仕組みもある。

生命科学の根幹をなすセントラルドグマという視点は非常に力強い。シンプルでもある。しかしこの視点から見ても、生き物は安定化へ向かう傾向と不安定化への傾向がせめぎあう中で生存を保ったりして生きていることがわかるだろう。

第2節　分子情報を蓄えて引き出す

DNAは2メートル

大きな図書館、例えば大学図書館や、各都道府県で最大の図書館などを想像してみよう。広い館内にびっしりと書棚が並び、その中に無数の本が効率よく並べられており、そのようなフロアが何層にもなっている——。これに似た仕組みが生き物の体の中にある。

ＤＮＡが４つの塩基と糖とリン酸からなるヌクレオチドを単位としていることは述べた。このヌクレオチドがリン酸部分で延々とつながって、らせん状にヌクレオチド鎖となって伸びていく。らせん１回転分の３・４ナノメートルには10のヌクレオチドが含まれる。つまり０・34ナノメートルごとに塩基対が１つ配置されている。

例えば、ヒトのＤＮＡは30億塩基対である。二重らせんになっている２本のヌクレオチド鎖をまっすぐに伸ばすとどれぐらいの長さになるだろうか？　０・34ナノメートルは10億分の０・34メートルなので、それに30億をかければ１・02メートルになる。これが２本だから合わせて２メートル４センチほどになる。

ヒトの体を構成する細胞は約40兆個と考えられるが、そこに含まれるすべてのＤＮＡを足し合わせると800億キロメートルとなる。これは地球と太陽のあいだにわたすなら267往復する長さである。もちろん各細胞内のDNAは同一であり、図書館のたとえで言うなら同じ本が40兆冊あることになるが、それだけの量の情報が、物質として細胞の中に存在しているのである。

猛烈な折りたたみ

2メートルのDNAは細胞核の中に収められている。細胞核の直径を仮にヒトで考えて、約0・01ミリメートルと仮定しよう。この中に2メートルのDNAが格納される仕組みとはいったいどういうものだろうか。

図1―5を見てみよう。細胞分裂「中期」には、0・01ミリ(メートル、以下略)の球体の中に、幅が0・0014ミリ(1400ナノメートル)ほどの染色体が現われる。X字を押しつぶしたような、おなじみの形の染色体である。この中期染色体を拡大すると、細い糸が約0・0007ミリ(700ナノメートル)ごとに折り返される構造になっている。ちなみに光学顕微鏡で見えるのはこの段階までで、これ以下は電子顕微鏡に頼ることになる。

さらに拡大して見ると、細い糸は約0・0003ミリ(300ナノメートル)ごとに折り返された非常に細い糸から成っていることがわかる。この折り返しの単位をクロマチン構造という。この非常に細い糸をクロマチン線維といい、0・00003ミリ(30ナノメートル)ほどの直径であることがわかる。

さらに拡大すると、クロマチン線維の中に、極細の糸が球体に巻き付いている構造が見えてくる。極細の糸が巻き付いた球体はヒストンというタンパク質であり、極細の糸がＤＮＡの２本鎖なのである。ＤＮＡの糸がヒストン１個に巻き付いた単位をヌクレオソームと呼ぶ。ヒストンを

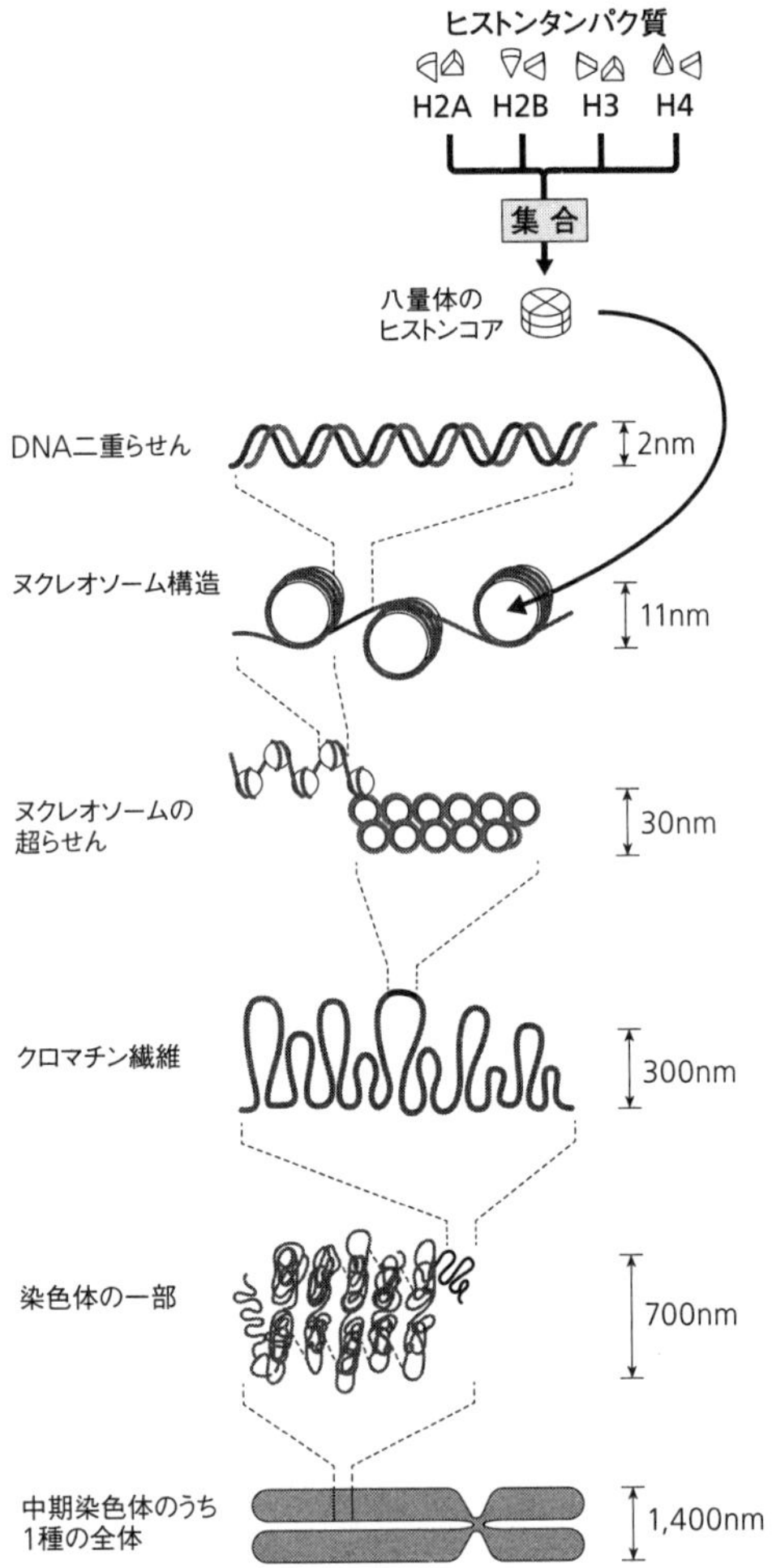

図 1–5　ＤＮＡから染色体への構築過程

含むヌクレオソームの直径は0・00011ミリ（11ナノメートル）ほどで、その周囲にそれぞれきっちり1回転4分の3ずつ、直径2ナノメートルのDNAが巻き付いているのである。

こうして猛烈な幾重もの折りたたみを経て、ようやくDNAにたどり着いた。ヒストンによるヌクレオソーム構造、それの連なりであるクロマチン構造、さらにそれが折りたたまれて染色体（ヒトの場合は46本）となって、2メートルにも及ぶDNAは0・01ミリの細胞核の中に収まることができたのである。生き物の体は、膨大な遺伝情報を、場合によっては大図書館よりも効率的な方法で収納しているのである。

たたんだものを開くとき

図1―5のように、ヒストンは、それを構成する4種類の「ヒストンタンパク質」が寄り集まってできている。H2A、H2B、H3、H4の4種類が2つずつ集合しているため「八量体」と呼ばれる。ヒストンコアともいう。これにDNAが巻き付いている。
ヒトの場合、DNAには約30億の塩基対があり、それが遺伝情報となっている。まず、細胞分裂の場合はDNAがすべて開かれ、〝裸〟になって同一のDNAが複製され、2つの細胞になる。次にセントラルドグマの、DNAからタンパク質へという流れを追うなら、遺伝情報はまずDNAからメッセンジャーRNAへ転写される。そのとき、DNAは2本鎖を「ほどいて」開く必要

がある。また、転写が終われば閉じる必要が出てくる。
ＤＮＡはヒストンに巻きついて1つのヌクレオソーム構造を形成し、そのＤＮＡの端はそれぞれ次のヌクレオソームへとつながっている。そもそもなぜＤＮＡがしっかりヒストンに巻きついているかといえば、ＤＮＡはリン酸を多く含む酸性の物質で負の電荷を持っているのに対し、ヒストンタンパク質は塩基性のアミノ酸を多く含んで正の電荷を持っていて、互いによく引かれ合っているからである。ここにもＤＮＡの安定性を見ることができる。

転写が行われるときには、このヒストンタンパク質にアセチル基がつき（アセチル化）、ヌクレオソームが緩む、あるいはバラバラになり、ＤＮＡはヒストン八量体から離れて〝裸〟の状態になる。再び電荷について言えば、塩基性で正の電荷を持ったヒストンにおいて、その中のリジンというアミノ酸にアセチル基が付くことで、ヒストンの電荷が中和される。このため、ＤＮＡとヒストンの結合が弱くなるのである。そこにＲＮＡポリメラーゼ（ＲＮＡ合成酵素）がやってきて触媒（しょくばい）として働き、その箇所の遺伝情報が読まれ、１本鎖型のリボ核酸である伝令役、メッセンジャーＲＮＡへと転写されるのである。

この転写で活躍するＲＮＡポリメラーゼは一種のタンパク質の複合体で、遺伝子のどこから読み取りを開始するのか、また読み取りはどこで終了するのかの決定も司っている。メッセンジャーＲＮＡは細胞核の核膜孔から外へ出てリボソームに付着しタンパク質を作り始めることは述べた通りである。

なおタンパク質合成のために必要なアミノ酸を運んでくるのは、トランスファーＲＮＡ（運搬ＲＮＡ）というＲＮＡである。メッセンジャーＲＮＡの端から順番にアミノ酸が結合していき、あらゆる種類のタンパク質が合成されていくのである。

第３節　タンパク質の構造と機能

生き物にとってタンパク質とは何か

ヒトの体の７割は水分だと言われる。じつはヒトに限らず、生き物の体の物質的な構成は基本的に類似している。細菌ですら同様である。大腸菌の例で見てみよう。

細胞の構成成分は、重量比で水が最大の70％を占める。次に多いのがタンパク質で16％を占める。それ以降は、タンパク質以外の高分子（核酸や多糖）が10％、低分子の糖質が１％、無機イオンが１％、脂質が１％となっている。ここまでで生体重量の99％に達する。

核酸は、ＤＮＡと各種ＲＮＡのことである。糖質は脂質とともに、分解されて生体のエネルギー源となる。金属イオンなどの無機イオンは、細胞内や細胞間の情報伝達を担っている。そして、タンパク質は、生き物の体を構成する主要な物質であり、細胞機能のほとんどを担っている。このように、タンパク質の重要性がほかの種類の物質より非常に高いからこそ、タンパク質への翻訳までを一貫して説明した理論が、「セントラル」（中心的な、重要な）ドグマと呼ばれるのである。

動物の細胞から水分を抜くと、重量のうち50％をタンパク質が占める。このことからも、タンパク質が体を物質的に構成するということは想像しやすいだろう。しかし、そのようにして生物体の構造をつくるだけではなく、機能させてもいるとはどういうことか。アミノ酸を使った合成の段階から追いかけてみよう。

すべての源にはＤＮＡがある。ＤＮＡから転写されてできたメッセンジャーＲＮＡは核から出て細胞質の中でアミノ酸を指定し、それがリボソーム内でさらなる高分子に構成される。通常、１００～１０００個のアミノ酸が「ペプチド結合」で連なってポリペプチドをつくる。これがタンパク質である。

タンパク質は様々な働きを担うが、その機能をもつためには、立体的に決まった構造をとらなければならない。構造がなければ機能もないのである。この構造を一義的に確定するのが塩基配列である。塩基配列を明らかにしたワトソンとクリックの論文発表以降、タンパク質の立体構造を追究する「構造生物学」と呼ばれる分野が飛躍的に発展した。

ペプチド結合による一次構造

塩基3つが1セットでアミノ酸を指定する仕組みについてはすでに述べた。この指定に従ってタンパク質が作られていくところから考え始めて、その立体性を一次から四次までの四段階でとらえるのが通例となっている。

塩基3つの1セットをコドンという。メッセンジャーRNAの塩基配列はコドン「A・U・G」から始まる。これは開始コドンと呼ばれ、これをリボソームが読んで、アンチコドン「U・A・C」配列をもつトランスファーRNA（運搬RNA）を引き寄せる。このとき、このトランスファーRNAは自らの一端にメチオニンというアミノ酸を結合させている。各種のアミノ酸は、それと適合したアンチコドンをもつトランスファーRNAと、正しく結合する必要がある。もしそれに失敗すれば正しい翻訳は行われず、タンパク質の合成が立ち行かなくなる。メチオニンを付けたトランスファーRNAはこうしてリボソーム内に入る。

仮に開始コドンの隣のコドンが「C・U・A」だったとしよう。アンチコドンは「G・A・U」であり、これをもつトランスファーRNAは端にロイシンを結合させて、リボソーム内に入る。

ここで二つのアミノ酸が化学的反応によってつながる。メチオニンの「カルボキシル基（COOH）」部分と、ロイシンの「アミノ基（NH_2）」部分が、水分子1個（H_2O）を排出しつつ（これを脱水という）、結合（共有結合）するのである。これが「ペプチド結合」であり、こうしてアミノ酸が単線的に連なっていく構造が一次構造である。ただし開始のためのコドンと同じように、終止のためのコドンもあり、「U・A・A」「U・A・G」「U・G・A」の3つである。これらがトランスファーRNAによって運ばれてくると、そこでタンパク質の合成は終わる。

二次構造の一重らせんとシート

ノーベル賞を2度受けたという人がこれまで4人いる。同部門であったり、部門をまたいだりすることはあるが、中でも異色なのは1954年の化学賞と1962年の平和賞を受けたアメリカ人、ライナス・ポーリングであろう。彼はもともと理論物理学者であり、その専門を活かして、DNAのらせん構造発見よりも前に、タンパク質の構造について大きな発見を成し遂げていた(ちなみにほかの3人とはマリ・キュリー、ジョン・バーディーン、フレドリック・サンガーである)[*3]。

前節まで「らせん」と言えばもっぱらDNAの二重らせん構造を指し、また「折りたたみ」という言葉もDNAクロマチン構造の説明で用いた。しかし、らせんも折りたたみも核酸に特有の構造というわけではなく、本節で見てきたタンパク質も類似の構造をとっている。ポーリングが早くも1951年に提唱したのはこれら2種の構造であった。

先に述べた単線上の一次構造のうち、あるものはぐるぐるとらせん(ヘリックス)を巻いていく。これをαヘリックス構造という（図1―6）。ペプチド結合によってつながったアミノ酸どうしが、カルボキシル基のO（酸素）とアミノ基のH（水素）とが引かれ合ってくっつく「水素結合」（非共有結合）によって連結され、らせん構造が出来上がる。また別のものは、ちょうど屏風（びょうぶ）のようにジグザグの形で折りたたまれ、折りたたまれたシートどうしがやはり水素結合によって連結される。この連結された構造をβシートと呼ぶ。αヘリックスとβシートをまとめて

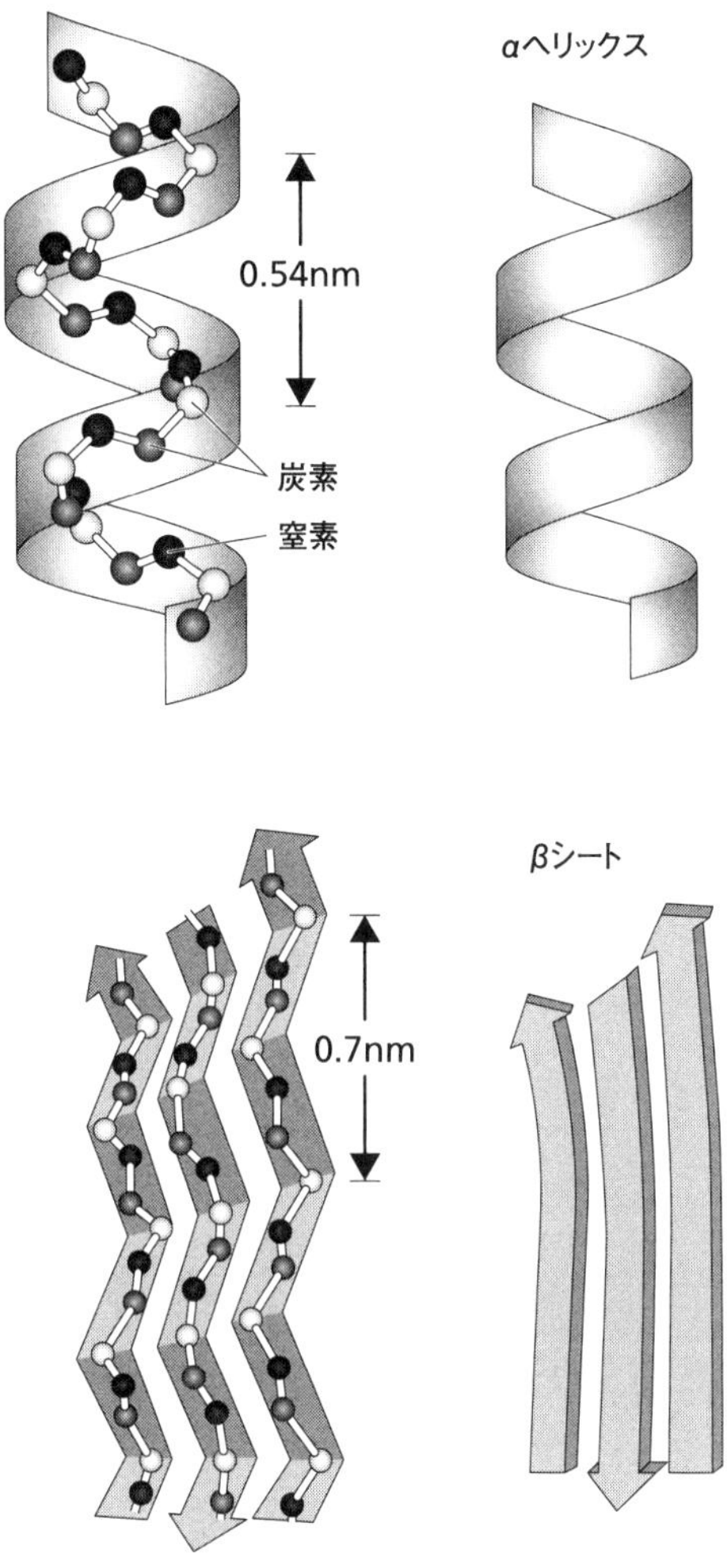

αヘリックス
0.54nm
炭素
窒素
βシート
0.7nm

図1–6　タンパク質の二次構造

タンパク質の二次構造という。タンパク質はここではじめて立体的な構造（二次構造）をとることになる。

三次構造から四次構造へ

タンパク質の構造は二次構造で立体的になったが、これ以降さらに複雑化していく。

動物の肉が赤いのは血管のせいではなく、肉そのものに赤い色のタンパク質が含まれているからである。この正体はミオグロビンというタンパク質であり、これが「三次構造」の代表的なものである。セントラルドグマ提唱から5年経った1958年、イギリスのジョン・ケンドリューはマッコウクジラの肉から作られた試料をX線で分析し、初めて三次構造をとるタンパク質を特定して、1962年にノーベル化学賞を受賞した。

三次構造とは何か。核酸と同様、タンパク質にも「折りたたまれてできたものがさらに折りたたまれる」構造をもつものがある。免疫にかかわるグロブリンというタンパク質のうち一部は、βシートがさらに折りたたまれた構造になっている。また、筋肉に酸素を供給するミオグロビンは、αヘリックスが折りたたまれた構造である。

何がこれらを連結しているのか。ミオグロビンは違うが、システインというアミノ酸を含むタンパク質どうしの結合はジスルフィド結合（SS結合）と言う。システインは「―SH」という

「硫黄＋水素」の部分（チオール基、メルカプト基ともいう）を含んでおり、この「―ＳＨ」と「―ＳＨ」どうしが水素原子２個を排除して結合し「―Ｓ―Ｓ―」の硫黄元素どうしの共有結合となる。

さらに、三次構造が２個以上集まってひとまとまり（サブユニットともいう）を構成した構造が四次構造と呼ばれる。血液中で酸素を運搬する役割を担うヘモグロビンというタンパク質はこの構造をとっている（図１―７）。

アミノ酸とアミノ酸をつなぐペプチド結合や、タンパク質とタンパク質をつなぐジスルフィド結合など比較的強い共有結合と、水素結合などの比較的弱い非共有結合の両方によって、二次か

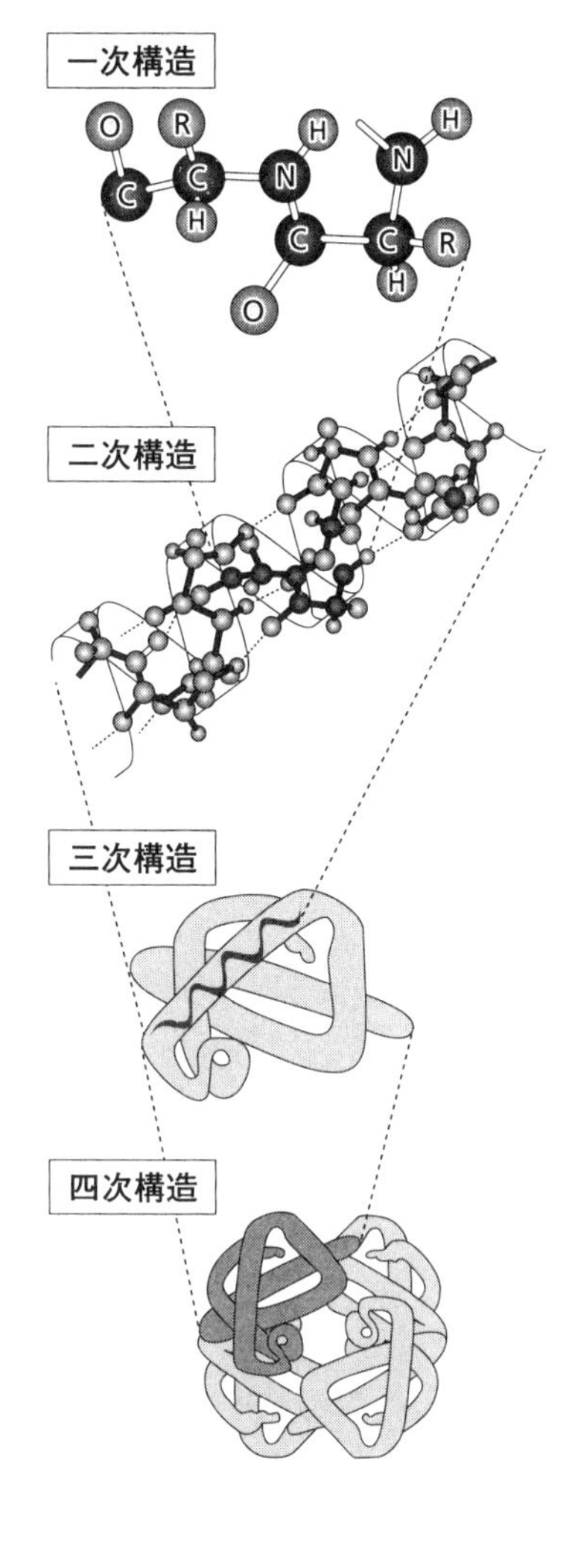

図 1–7　タンパク質の４種の構造（一次から四次）

ら四次までの構造は維持されているが、ジスルフィド結合が切れて別の構造へ変化すると、機能は損なわれてしまう。

タンパク質の種類分け

ここまで、タンパク質の構造について述べてきた。タンパク質の機能、つまりタンパク質は生き物の体においてどういうはたらきをしているかという面から見ると、タンパク質の構造と機能は不可分ではあるが、ここではあえて用語の混乱を恐れずに言えば、それは「構造タンパク質」と「機能タンパク質」になる。

構造タンパク質は、生体の構造を作り上げ、機械的な強度を持たせるものである。髪や爪をつくるケラチン、腱や軟骨をつくるコラーゲンなどのことである。

機能タンパク質はじつに多様である。まず「酵素」がある。洗剤の広告などでよく目にする言葉だが、酵素は生物学上は「特定の対象と結合して（触媒として）作用する分子」のことである。この特定の対象を「基質」といい、酵素は基質とくっついて、基質を分解するなど化学反応を起こす。なぜ洗剤の広告で使われるかといえば、まさに汚れを分解するからである。服の汚れには人体から出たケラチンなどのタンパク質が含まれ、洗剤にはタンパク質を分解するプロテアーゼなどの酵素が入っているのである。自身もタンパク質であるプロテアーゼは、基質となるタンパク質のペプチド結合を切り離す機能をもつ。高分子を成り立たせている結合部分を切り、低分子にしてしまえば、汚れとしては落ちやすくなる。これが、洗剤メーカーが期待する酵素のはたらきである。体内でいえば、唾液に含まれるアミラーゼが有名だろう。食べ物に含まれるデンプン（これはタンパク質でなく炭水化物。分解されると糖類になる）を分解するのである。

体内に入ってきた異物に結合するのが、免疫グロブリンなどの「防御タンパク質」である。赤血球中にあって血液の色を赤く見せているヘモグロビンは酸素を運ぶ役割を担っているため「輸送タンパク質」と呼ばれる。インスリンなどの「ホルモン」や、それと結合して細胞へ情報を伝える「受容体」なども機能タンパク質である。

構造タンパク質であり、機能タンパク質でもある「収縮性タンパク質」も存在する。動物の手足が動くのは、筋肉を形成しているアクチンやミオシンがあるからである。手足など身体の動きはすなわち筋肉の収縮の現われであり、収縮はアクチンにミオシンがくっついたり離れたりすることで実現している。

構造は一定ではない

こうして見てくると、生体におけるタンパク質の重要性は明らかである。むしろ、生き物が経験するほとんどすべての反応をタンパク質が司っていることが分かる。先に、「細胞の乾燥重量はタンパク質が50%」と述べたが、それは細胞の構造を作っているからというだけではなく、タンパク質が行っている化学反応の広範さのせいでもある。二次構造から四次構造までを「高次構造」と呼ぶが、右に見たようなタンパク質の多様な機能にとって、特定の高次構造が安定していることは不可欠である。

セントラルドグマの考え方で、DNAとタンパク質の関係は次のようなものであった。すなわち、DNAの塩基配列をこまかく調べることで、どのようなタンパク質がつくられるかがわかるし、生き物の体で起きているほとんどの現象はタンパク質が主たる役割を果たしているのだから、塩基配列を解明すれば、生体で起きていることはほぼ理解できるだろうと考えられてきたのである。

しかし二つの点で予想外のことがわかった。タンパク質は多くの場合、ほかのタンパク質と複合体をつくって、単独のときとは異なる機能をもつことがわかってきたのである。1つは、タンパク質が構造をとる際の本来の仕組みの1つで「誘導適合」というもの。もう1つは、タンパク質のはたらきがいわば後天的に変化する「アロステリック効果」という現象である。これらは、DNAとタンパク質が完全に1対1で対応するわけではないこと、また、構造と機能が定まったはずのタンパク質が、別の分子の影響でその構造と機能を大幅に変えてしまうことを明らかにした。

誘導適合とは、誘導されて適合する、あるいは適合するよう誘導されることからついた名前で

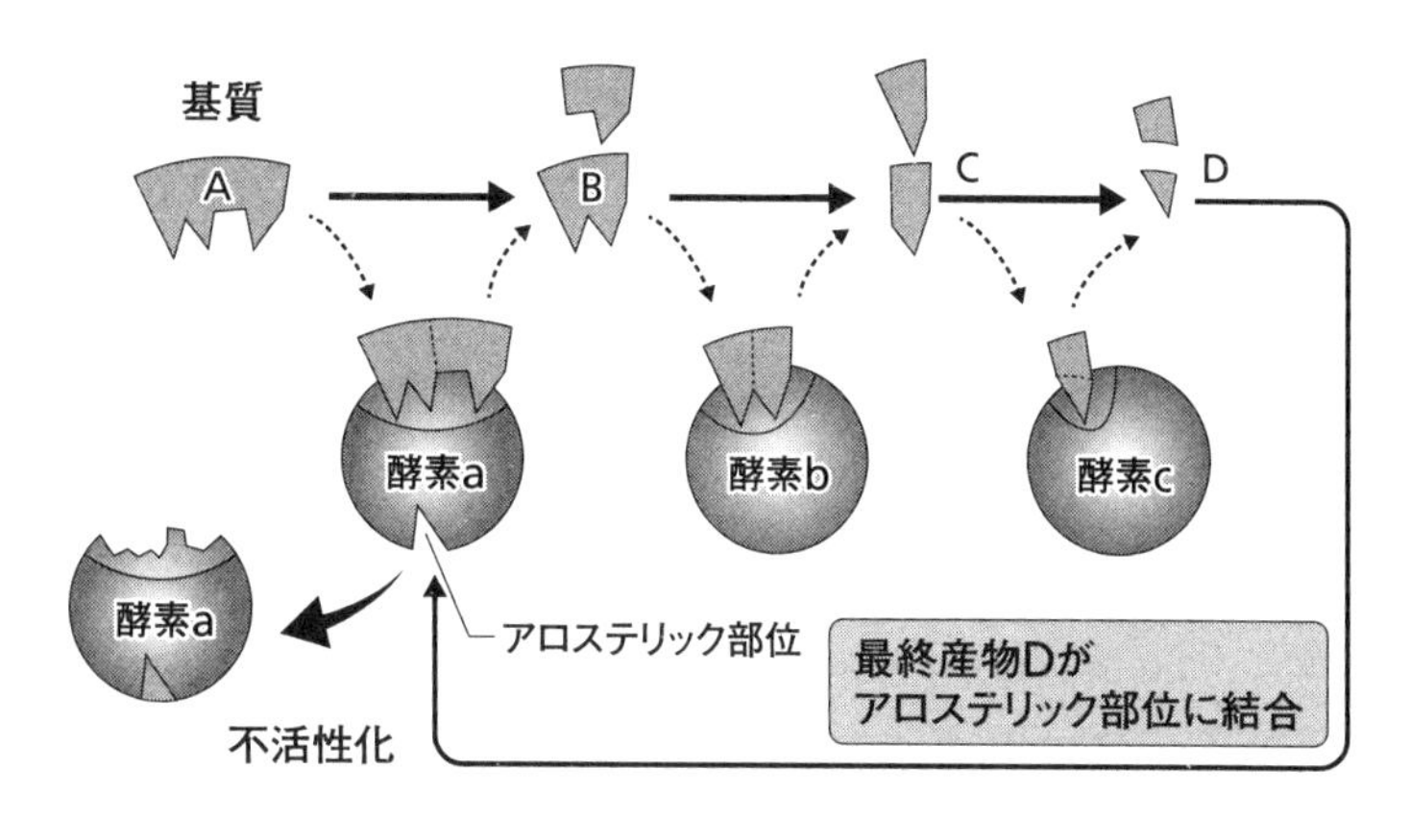

図 1–8　酵素のアロステリック効果

ある。酵素や防御タンパク質がほかの分子と出会うと相互作用が起き、一定の高次構造をとるようになることが多い。酵素や免疫グロブリンは特定の物質（基質や抗原）と複合体をつくるが、この際、結合しやすいようにお互い調整し合って形を変え、そこではじめて機能（はたらき）が生まれるということである。タンパク質の構造と機能は静的・安定的に見えるが、それがはたらくとき、微妙な動的調整が行われているのである。

機能タンパク質において、例えば酵素は基質と結合し、複合体を作って化学反応（酵素反応）を起こすのが仕事である。ところが、基質でない物質と結合してしまう部位（アロステリック部位）をもつものがある（図1―8）。この結合によって酵素は大幅に構造を変えてしまい、本来の機能を低下させたり、失ったりしてしまう。これをアロステリック効果という。酵素に限らず、アロステリック部位をもつタンパク質は、アロステリック部位に特定の分子が結合すると、機能が昂進したり、あるいは低下したりする。

「機能の低下」は、時に必要である。酵素はある時点で働きを止めなければならない。例えば呼吸のプロセスである。グルコース（ブドウ糖）を分解してエネルギー源（ATP、後述）を取り出す「解糖系」という一連のプロセスにおいて、最終段階で必要な酵素（ピルビン酸キナーゼ）は、解糖系のプロセスの途中で生じた複数の物質がアロステリック部位に結合することによって、その働きをコントロールされている。これは一連の働きの過程で産出された物質が、働きそのものに影響を与えるものであり、「フィードバック」と呼ばれている。これに対して、タンパク質の高次構造が変質した際に、それを元に戻すはたらきをするタンパク質がある。1974年、ショウジョウバエを高温状態にするとある種のタンパク質が増えることが発見され、のちに、そのタンパク質は熱によって変性したタンパク質の構造をいちど分解して、ふたたびもとの高次構造に戻していることがわかった。これは熱ショックタンパク質と呼ばれる。熱はストレスの一種だが、このほかのストレスが生じた際にも同様の働きをして高次構造を復旧させる。こうしたタンパク質をストレスタンパク質、別名「シャペロン」という。シャペロンとは、社交界にデビューしようとする人の介添えとして振る舞う人のことを言う。高次構造の組み換えをする点に注目してこのように呼んでいるのである。

糖や脂質との関係

タンパク質は高次構造が安定していないと課せられた特定の機能を保つことはできないが、タンパク質単独で何か化学反応を起こせるわけではない。必ず、別のタンパク質と複合体をつくったり、糖や脂質と結びついたりすることによって機能を果たしている。

例えば、生命の基本単位である細胞は、細胞膜と呼ばれる二重膜で包まれている。細菌、植物、動物のいずれの細胞膜も、脂質とタンパク質の複合によって成り立っている。この細胞膜上のタンパク質部分には、オリゴ糖や多糖が付着している。脂質の部分には、脂質と結合したオリゴ糖がついている。古くから、A、B、Oの血液型を決めるのが、赤血球などに存在する糖であったことは分かっていた。しかし、糖の解析はタンパク質の解析より難しく、はるかに遅れていた。近年ようやく糖の解析も進むようになり、最近では、あるタンパク質のはたらきと思われていたことが、じつはタンパク質の表面にある糖の働きであることがわかったりした。例えば薬の開発上非常に注目されている。治療の難しいタイプの貧血や静脈血栓について、その原因として、「膜タンパク質」の移動障害が考えられている。膜タンパク質は細胞膜の表面にあって細胞内・細胞間での物質の移動に不可欠の役割を果たすものだが、この働きはタンパク質そのものよりも、タンパク質にどのようにして糖が付いているかによって制御されていたのである。*4

細胞外に分泌(ぶんぴつ)され、他の細胞の遺伝子を発現させたりするホルモンにも、糖が付いたタンパク質（糖タンパク質）が多い。あるタンパク質は細胞膜表面の別のタンパク質に付着することで細胞に何らかの情報を伝えたり、逆に細胞から情報を受け取ったりするが、ここにも糖が不可欠のものとして関与している。

生体の要素を大きく4つに分けて、タンパク質、脂質、糖質、核酸とすれば、これらのうちタンパク質と核酸の解明は（セントラルドグマに沿って）比較的進んでいるとしても、脂質や糖についての解析と理解がまだまだ不十分である。糖の分析から生体の仕組みを解明する研究領域は「グリコバイオロジー（糖生物学）」といい、まさにいま拡大中の学問である。

セントラルドグマの例外から生命の起源へ

DNAがRNAポリメラーゼ（RNA合成酵素）によって転写されてメッセンジャーRNAが生じ、そこからリボソームによってタンパク質が合成される一方向の流れをセントラルドグマとして述べたが、実は例外がある。一つはRNAウイルスである。ウイルスは、遺伝子を持つが新陳代謝を行わない、生物と無生物の間のような存在だが、遺伝子としてDNAを持つものと、RNAを持つものがある。後者をRNAウイルスと呼ぶ。

RNAウイルスは、遺伝子であるRNAがそのままメッセンジャーRNAになりうるので、それを使ってそのままタンパク質の合成へと至るものもある。しかし一方で、後天性免疫不全症候

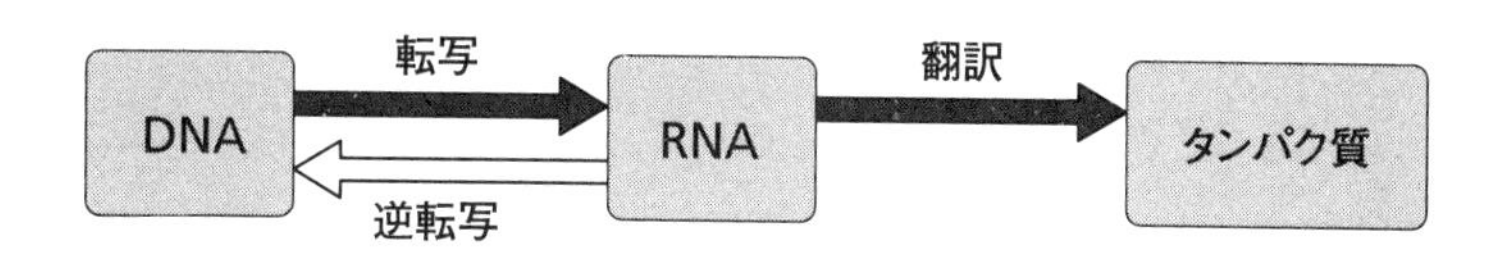

図1–9　セントラルドグマの流れと逆転写の流れ

群（ＡＩＤＳ）の原因となるＨＩＶウイルスなどは、自らのＲＮＡから「逆転写酵素」を使ってＤＮＡを作り、それを宿主のＤＮＡの一部として組み込んでしまう。以降は宿主のＤＮＡが転写されるときにこのウイルスを生み出すＤＮＡも一緒に転写され、メッセンジャーＲＮＡができて、リボソーム内でタンパク質が作られ、新しくＨＩＶウイルスが生まれる。セントラルドグマとは逆向きに遺伝情報が流れることになり、数が少ないとはいえ非常に大きな例外である。このようなＲＮＡウイルスを「レトロウイルス」という。セントラルドグマで、遺伝情報は「ＤＮＡ↓（転写↓）ＲＮＡ↓（翻訳↓）タンパク質」と流れた。レトロウイルスはこの流れを、「ＲＮＡ↓ＤＮＡ」と逆に向かう（図１―９）。

36億年前に生命がどのように誕生したかということは議論の余地が大きい問題である。１９８６年、ウォルター・ギルバートという人物が、原始的な生命はＤＮＡでもなく、ＲＮＡを遺伝子としていたのではないかという説を提出して議論が高まった。曰く、ＲＮＡよりもＤＮＡの方が安定的で遺伝情報を溜めておきやすいから、ＲＮＡの代わりにＤＮＡが使われるようになった。また、アミノ酸を組み合わせて作るタンパク質の方が種類も機能も多様だったからＲＮＡは取って代わられ、唯一残ったのが転写から翻訳に至るプロセスだったというのである。これが「ＲＮＡワールド仮説」である。

これに対して、最初に生じたのはタンパク質であったとする「プロテインワールド仮説」が、20世紀半ばまでむしろ先行していた。１９２０年代、ソ連のアレクサンドル・オパーリンが考えたのは、無生物の環境から有機物が生じたのは化学反応によるということであった。これは宗教的な創造説を否定して出てくる自然な発想であったといえる。これを受けて、アメリカのハロルド・ユーリーとスタンリー・ミラーは１９５３年に、原始地球の大気組成を模してメタン、水素、アンモニアを混合してフラスコに入れ、雷を模した放電を繰り返すことでアミノ酸などの有機物が作られることを見出した。

その後、実験が繰り返され、気体の成分、温度や圧力などの条件を変えることで、アミノ酸のほかに、アデニンなど核酸のもとになる物質まで得られるようになった。しかし、原始地球の大気組成の研究が進むと、ミラーらの初期条件が現実的でなかったことが分かってきた。それではと、想定を海底に移し、深海にある熱水噴出口の付近でタンパク質ができ、ＤＮＡもつくられ、生命が生まれたと考える説もある。

優勢説はＲＮＡワールド説

では、生命の起源についてはどの説が妥当なのだろうか？「ＤＮＡ→ＲＮＡ→タンパク質」という物質の中で遺伝情報を保持できるのは、DNAとRNAである。

化学反応に着目してみよう。物質の変化は化学反応によって起きる。遺伝情報を複製するための化学反応を促進する（反応速度を上げる）はたらきが、どこかで生じなければ、無機物から有機物へという大きな変化が実現することはない。この働きを触媒作用と言う。

もちろん、タンパク質は、DNAポリメラーゼ、RNAポリメラーゼという形でDNAやRNAを複製する触媒作用を持っている。触媒作用を持っているRNA（リボザイムという）は1981年に発見され、RNAを複製できるものも、まだ萌芽と言わざるを得ないが見つかっている。一方、触媒作用を持つDNAがこれまで見つかっていないことは、DNAが自身を複製できない、という意味で、それを生命の起源と考えることが難しいということになる。

DNAの分析で明らかになったのは塩基配列とセントラルドグマであり、かつて考えられていたように生命の起源を理解するには及ばなかった。RNAからDNAへと至る道は、レトロウイルスが証明している。「DNA↓転写↓RNA↓翻訳↓タンパク質」という流れを反転させて、「DNA↑逆転写↑RNA（作製）」という流れが実現しているといえる。タンパク質の配列を解読してRNAを作るような、「逆翻訳酵素」とも呼べるような触媒はこれまでに発見されておらず、もちろんタンパク質から直接DNAをつくったという話もない。現在のところ、セントラルドグマに忠実ではないながらも、RNAから生命が誕生したとする考え方が優勢と言えよう。

RNAウイルスやDNAウイルスの存在だけをもって、生命の起源を論じてよいのかという疑問もあり得る。ウイルスとはそもそも、代謝に関わるものはすべて捨て去り、生物として生き残るために必要な自己増殖能力だけを残し、ほかの生物に寄生して生き延びてきたと考えることもできる。従来ウイルスは「生物と無生物の間」の存在で、例えばヒトから見れば下等な存在だと考えられてきたが、もし右のような見方が妥当であれば、実は非常に進化した、「高等な」生物だという見方も成り立つ。

現在、生命科学が確実なこととして言えるのは、地球上の生き物は99・9％まで、DNAの4つの塩基の組み合わせが表す「情報」によって成り立っているということである。DNAからRNA、そしてタンパク質というセントラルドグマの流れも確実なものである。現生生物の代謝の基盤となっている情報の流れと、生命がどのように生まれたのかという時間の流れとは、別々に考えるほうがよいのかもしれない。

それでも、生命科学最大の発見であったセントラルドグマの解明がもつ意義は変わらない。逆方向の流れという発想を可能にし、生命に対する理解をさらに深める効果をもったのである。

註

＊1　このヘモグロビンは、酸素が欠乏した状態になると赤血球を鎌状に変化させる。

＊2　第一次世界大戦で使われた毒ガス。触れると皮膚に強い炎症を引き起こす。

＊3　キュリーは1903年に「放射現象の研究」で物理学賞、1911年に「ラジウムとポロニウムの発見」などで化学賞を受賞。バーディーンは1956年に「半導体の研究、トランジスタ効果の発見」で、また1972年に「超伝導に関するBCS理論」で物理学賞を受賞。サンガーは1958年に「タンパク質、特にインスリンの構造解明」で、また1980年に「核酸の塩基配列の決定」で化学賞を受賞している。

＊4　http://www.jst.go.jp/pr/announce/20091016/.

第2章 卵から親への設計図──時間と空間のバランス

第1節 発生の設計図とプログラム

生き物の「発生」とは

第1章では、1953年の発見をめぐって、遺伝子、DNA、ゲノムという考え方について詳しく見てきた。いまなぜ生命科学分野でのニュースのほとんどでこうした言葉が重視されているのかについても、ある程度理解されたのではないだろうか。

しかし、スケールとしては、DNAは肉眼で見ることができない。遺伝子が指定するコードをもとにタンパク質が作られる過程を実感することもできない。そのためこうした話はどこか遠い世界のことのように感じられることもあるだろう。そこで、この章では少し視点を変えて、生命の根源で働いている仕組みの謎に迫ってみたい。そこには、想像の及ばない複雑さがある。そうした仕組みが働いていること自体が、さして変化のないように見える生体が「生きている」ということである。

私たちヒトが、最初は1個の受精卵であったということは知られているはずである。受精卵はその名の通り卵である。動物は一般に卵生・胎生で分けられ、それは母体から卵の形で出るのか、子どもの形で出るのかという違いを反映した名称だが、卵生ではない動物にも、ヒトにも、「卵」の時期がある。それどころか、植物にも卵細胞があり受精して発生を始めるのである。

この1個の卵が、どのようにして親となるのか？　この疑問に答えようとする営みを「発生学」という。「発生」という言葉は、何かが「起きる」という意味で日常的に使われる。しかし発生学でいう「発生」はまったく異なっていて、1つの受精卵が1体の生き物になっていくプロセスを指す。このプロセスを解き明かすのが発生学の目的である。英語ではembryologyといい、「胚（embryo）についての学問」の意味である。かつては「胚子学」とも呼ばれた。筆者の専門もこの分野である。発生学とほぼ同義の言葉として「発生生物学」があり、こちらは英語でdevelopmental biologyという。なぜ「発生」にdevelop(mental)の語が使われたのかについては次項で述べよう。

この章では発生を「卵から親にいたる設計図」が現実化するプロセスととらえ、その本質をどう考えるべきかを述べたい。

「すべては卵から」

筆者は新潟県の佐渡島で生まれ育った。いま思い返しても、じつに生き物に満ちあふれた環境だった。春先にカエルがやかましく鳴く頃になると、田んぼや池の水の中に、ゼリー状の物質に包まれた、黒い卵の塊が見つかるようになる。しばらくすると卵がかえり、オタマジャクシが一斉に泳ぎ出す。子どもの頃の筆者は、その様子を見ているのが本当に好きだった。時間を忘れて見ていることがあった。子どもながらに、生命の躍動感を味わっていたようである。

少し大きくなった頃、素朴な疑問を抱いた。この1つの丸い形をした卵が、なぜ手や肢や尻尾といった、体のいろいろな形になっていくのだろう、という疑問だった。もしかすると、この問いが、のちに発生学の道へ進むことになるきっかけだったかもしれない。もっと言えば、発生の設計図はどこにあるのか？　発生のプログラムはどのようなものであるのか？　という疑問だった。

こうした問いはすでに紀元前4世紀のアリストテレスに見られた。彼は、ニワトリの卵が孵化（ふか）してひよこになり、親鳥になっていく過程を見て考えた――卵にはもともと、ニワトリになる可能性がある。それは「目的」として、卵自体に含まれている。これは非物質的なもの（形相とい

図2–1　ハーヴェイ『動物発生論』初版の挿絵（下は部分拡大）

う）である。これに対して、形相を現実化する物質的な基盤が、卵という材料（質料という）である、と。

17世紀イギリスの医学者ウィリアム・ハーヴェイは、血液循環理論の主張で知られるが、発生分野の研究も行っており、哺乳類を含めたすべての動物は卵から生まれる（*ex ovo omnia*：すべては卵から）という言葉を残した。図2─1とその部分拡大はハーヴェイの『動物発生論 *Exercitationes de generatione animalium*』（初版1651年）にある版画である。さまざまな生き物が卵から飛び出してくる様子が描かれている。彼は確実な証拠をつかんでいなかったにせよ、あらゆる動物が「卵」の段階を経ることに確信を持っていたのだろう。そして、その主張は基本的には正しかった。

ハーヴェイの主張には時代的な背景がある。卵の存在自体は知られていたが、その中がどうなっているかについて、それまで千数百年のあいだ議論があった。すなわち、卵の中に最初から人間の雛型と呼べる構造があって、それが各々展開して人間の体の構造に発展していくという説（前成説）が一方にあり、もう一方には、卵の中には最初からそのような構造があるわけではなく、途中から、何らかのプログラムに沿って形が生まれてくるのだとする説（後成説）があって、両者は対立していたのである。当初は前成説が優勢であった。初期には観察できないような人間の原型が徐々に外へ向かって開かれ、発展していって大人の人間の形になる、というイメージが共有されていたのである。

前項のdevelopという語はこの状況下で使われ始めた。developは、語源からはdeとvelopに分解されうる。velopという部分は古典語の「包む、覆う」という語の変化形であるらしく、そうするとdevelopは「覆いが取り除かれる」とか「隠されたものが開示される」といった意味になる。これが前成説のイメージに適合し、発生過程にdevelopmentの語があてられるようになった。アリストテレスもハーヴェイも後成説の立場であったが実証はできず、それが常識になるには20世紀を待たなければならなかった。

精子の役割について、また受精の仕組みについても、17世紀にはほとんど理解されていなかったことは、意外に感じられるかもしれない。卵は精子と出会って初めて発生過程に進むということも、19世紀まで知られていなかった。ハーヴェイの本の版画はそのことを端的に示している。

卵は偉大だ

アリストテレスの理論でいう目的（形相）は科学的に実証できるものではない。その後の長い研究の過程で明らかになったことは、現実に卵から親への形づくりを担っているのは、発生のプログラム――DNAの配列と、それを規則正しく発現させる仕組み――だということである。

母は偉大だ、とよく言われる。では、父はどうか。もしかすると、「母」には敵わないと考える人の方が多いかもしれない。実はちょうどこれが、発生初期における卵と精子の役割関係に近いのである。というのは、発生の直前とも言える受精前の段階で、卵はすでにかなり準備を整えているからであり、場合によっては精子がなくても、すなわち受精しなくても、発生できてしまうからである。これはどういうことだろうか。

卵が母体の影響下にあるのは当然とも言える。卵を構成するすべての物質は母親由来だからである。DNAもRNAも、核膜も細胞質も、発生のためにため込まれた栄養（卵黄）も、すべてが母親由来である。DNAは、母より遡(さかのぼ)れる。本来は祖父母2人のDNAの複合体であり、それは4人の曽祖父母のDNAの複合体であり……と、延々と遡ることができる。

そして、受精前の時点ですでにこの発生プログラムは始まっている。筆者が重点的に観察してきたイモリでは、この時期の卵に、ブラシのようにループが飛び出した染色体が見える（ランプブラシ染色体、図2―2）。これは染色体に含まれるDNAがほどけてメッセンジャーRNAがどんどん作られて（転写されて）いる様子である。これは母親の遺伝情報をものすごい勢いで読み取っていることを示している。こうして卵は受精以前にすでに、体の形づくりをするためのプログラムをかなりの程度備えている。

そのことは、ヒトとカエルがある意味では決定的に違うことが示唆された実験である。これは、1910年にフランスのウジェーヌ・バタイヨンが行った実験がよく示している。バタイヨンはカエルの未受精卵に対して種々の刺激を加えた。すると、受精していなくても、針を卵に刺すという刺激を与えるだけでオタマジャクシになってしまう卵があることを見いだした。さらに、ごく少数ではあったがオタマジャクシの一部はカエルにまで成長した。

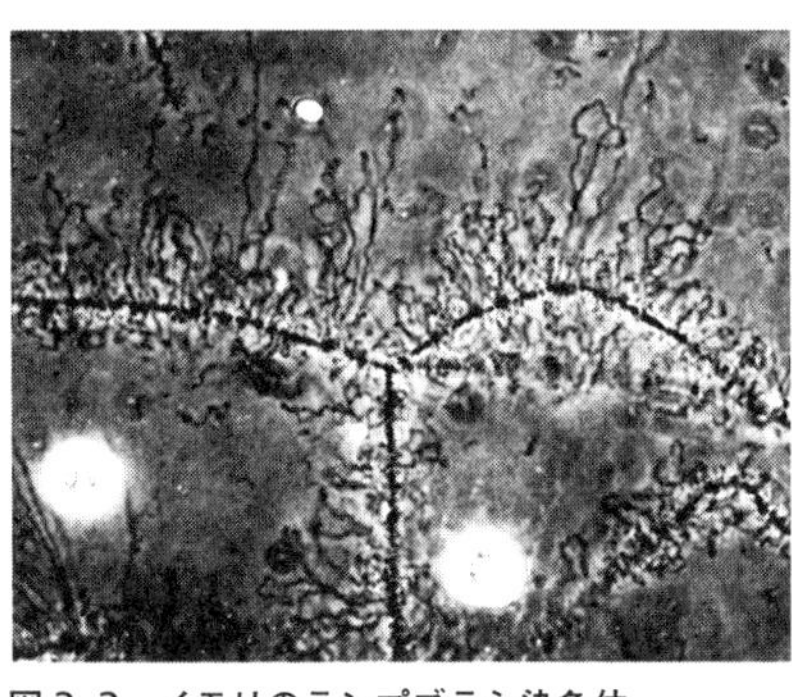
図 2–2　イモリのランプブラシ染色体

これは、「人為単為発生」と呼ばれる現象であり、針のような機械的刺激のほか、卵をある種の薬品で処理するような化学的な刺激によっても起きることがのちに分かった。*1

これに対して、精子だけで発生が起こることはない。精子は父親の遺伝情報を卵に届けるための必要最低限の装置しか持っていない。ヒトの精子の「頭部」には23本の染色体だけが入っている。尾部が動いて精子を前進させるが、そのために必要なエネルギーであるＡＴＰは中間部に蓄えられている。

精子は、生体を離れたまま役割を果たすことのできる唯一の細胞である。この意味は小さくないが、しかし卵と違って、精子だけから個体が生まれることはない。「すべては卵から」と述べ、図2―1のような絵を残したハーヴェイについて言えば、絵にあるヒトとシカは卵だけから発生する例は見つかっていないが、生き物が卵から生じるという意味では正しかったと言えるのである。

卵は形成過程で大きくなるが、このとき細胞質（細胞内の、核以外の部分）の中で染色体はDNAをループのように飛び出させるようにしてメッセンジャーRNAにどんどん転写している。この情報（DNA）は母親のものと同一である。のちに精子がやってきて受精したあとも、しばらくは母親由来で卵の細胞質に蓄えた情報だけで発生が正確に進んでいく。精子の持つDNAはどうなるのか？　それは、受精卵の細胞分裂（卵割）が繰り返され、後述する「胞胚」期の中頃（胞胚中期）を迎えるときまで働かない。胞胚中期になってようやく受精卵の中で、精子の頭部にあったDNA、すなわち父親由来の情報が使われ始めるのである。

個体発生では精子よりはるかに卵の方が重要であるというのは、このような意味においてである。卵は母親由来の遺伝子と細胞質を豊かに蓄えて発生を待ち、場合によっては父がなくとも生まれる。母が偉大なら、卵も偉大である。

ただし――確かに卵は精子なくして個体発生することもあるが、その確率は低く、仕組みは安定していない。有性生殖を行う生き物は、精子との受精の方が効率よく、安定的に卵割して、発生を進めることができるのである。

細胞質が核を制御する――細胞周期の話

生き物の遺伝情報はすべて細胞核（核）の中に格納されている。しかし発生の過程では、すべての遺伝子がいっせいに働き始めるのではない。そこには時間的な順序があり、ある特定の段階で、ある特定の遺伝子が働くように厳密に決められているのであって、この順序に狂いはあってはならないのである。

第1章で、核の中でDNAが複製され、またメッセンジャーRNAに転写されることを述べた。メッセンジャーRNAは核膜孔から外へ出て、細胞質の中でタンパク質への翻訳作業が行われる。こう見てくると、「すべてを司る」といった印象のある核に比べて細胞質の役割がいかにも貧弱に思えないだろうか。

実際に核はすべてを司ると言える面がある。次章でも述べるが、細胞質内には細胞内小器官と呼ばれるものが数種類あって、たとえばその1つであるミトコンドリアは生き物にとってエネルギー産生のために不可欠の存在だが、このミトコンドリアの動きを制御しているのは核である。

また、増殖を繰り返すアメーバを使った実験で、アメーバの体を2つに切断するとき、一方には核を残し（有核片）、もう一方には核が残らないようにする（無核片）と、有核片は成長してさらに分裂を繰り返すようになるが、無核片の方は死んでしまう。アメーバは、核さえ残っていれば、また体を作り直して生き延びることができるのである。さらに、第4章で述べるが、炎症や代謝という生体現象は主として酵素やホルモンが引き起こしているのであり、それらを作る設計図は核内のＤＮＡに収められている。

このように、核が細胞質に対して及ぼす影響は決定的であり、その限りで、核と細胞質の役割の違いがアンバランスな印象を与えても不思議はない。

しかし別の事実を見れば、作用は一方的ではないのである。

例えば、発生過程で細胞が分裂する場合、また成体で体性幹細胞が不等分裂する場合（第５章に後述）など、細胞が増えはじめるとき（分裂期）には、第１章で述べたように、核内の染色体が倍加され、それが２つに分かれて細胞が２つになる。このように書くと、細胞分裂は核からスタートするように思える。しかしこうした核の状態に先立って、細胞質が活性化していることが明らかになった。１９７０年ごろのことである。この活性化のことを、核内での染色体倍加を引き起こす（誘導する）要因であると見て、Ｍ期促進因子（ＭＰＦ：M-phase promoting factor）と呼ぶようになった。[*2] １９８０年代末には、さらに具体的に、その因子の実体が、ＣＤＫ１とサイクリンＢというタンパク質の複合体であることが分かった。

この作用の仕組みをもう少し見てみよう（図２―３）。まず細胞は細胞周期という期間を繰り返して「生きている」。Ｍ期が「分裂期」であり、それ以外が「間期」（図ではG_1、Ｓ、G_2の各期。

詳しくは次章で述べる）である。これら各期の移行を決めるのは、キナーゼと呼ばれる酵素である。

酵素は特定の対象（基質）に結合して、特定のはたらきを呼び起こす。ここでの基質はサイクリンcyclinというタンパク質である。サイクリンとはサイクルcycle（周期）から来ており、まさに細胞周期を司るタンパク質である。

しかしこのタンパク質は単独で始動することはない。そのスイッチを入れるのがキナーゼである。キナーゼは細胞にかかわる様々な働きを調節する、必要不可欠な酵素である。

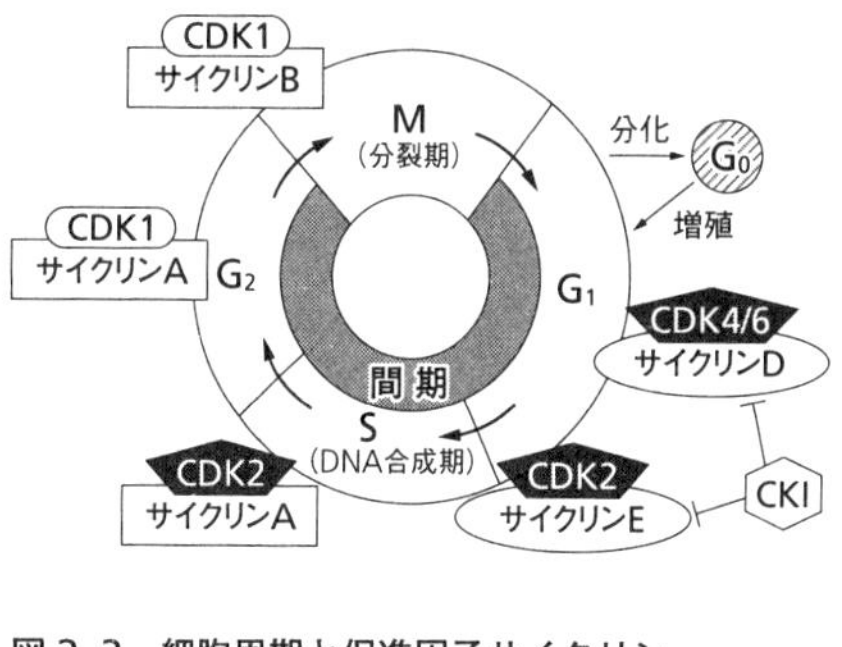

図 2–3　細胞周期と促進因子サイクリン

キナーゼはタンパク質をリン酸化する。リン酸は前章で出てきたが、リン酸化とは、リン酸（H_3PO_4）が水素原子を1個放出してできた「リン酸基」（H_2PO_4）が、タンパク質中のアミノ酸（セリン、スレオニンなど）と結合することである。

各サイクリンに特異的に結合するキナーゼをサイクリン依存性キナーゼ（cyclin-dependent kinase：CDK、第3章で後述）という。CDKにはいくつか種類があり、図にあるように、各細胞周期の移行すべてにCDKが関わっている。M期を誘導するCDKは「CDK1」である。このような分子を使った情報の受け渡しを「シグナル伝達」という。細胞内には常時無数の分子が動き回り、働きかけて、生き物の体を構成する細胞を維持しているのである。

酵素CDK1は細胞質内で作られる。細胞質は液状であり、核は細胞質に浮かぶ島のような存在である。核はこの島からただ命令を出すのではない。核の中でどの遺伝子が働くのかは、実は細胞質内のさまざまな因子によって制御されているのである。

細胞質の働きや形態が核からの一方的な制御によって決まるのではないという事実は、目に見えるスケールにおいても確かめることができる。

海藻のカサノリは単細胞生物で緑藻類に属するが、成長すると3~5センチメートルになり、傘状の部分と長い茎の部分を持つ。核は通常、茎の根元の仮根と呼ばれる部分にあり、傘の部分を切除すると元と同じ形の傘が再生してくる。カサノリは種によって傘の形が異なるが、これを利用して、次のような実験を行った。茎と傘を切り落として核のある仮根だけにしたものと、別の種から切り取った茎をつなぎ合わせたのである（図2−4）。すると、2つの種の中間型の形をした傘が再生した。つまり、遺伝情報が傘の形を支配しているなら、接合したあとに再生するのは核のある仮根のほうの種の傘の形になるはずである。しかし、少なくとも最初にそうならなかったということは、傘の形は核によってすべて支配されるのではなく、細胞質の性質にも強く影響を受けていることを示している。生物の形づくりは細胞質と核の相互作用によって成り立っているのである。

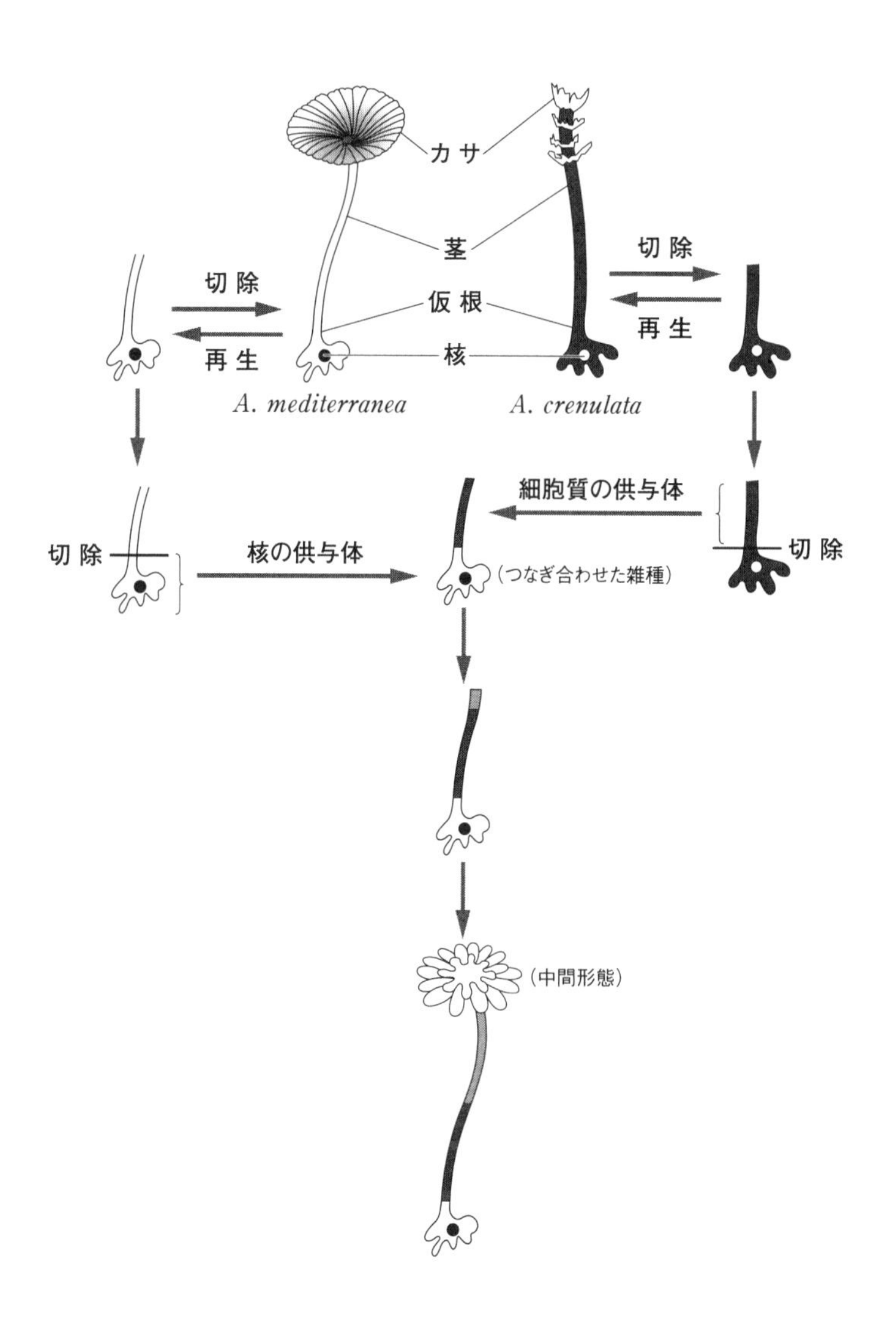

図 2–4　カサノリの核移植実験

発生過程の核制御

核と細胞質の「制御し合い」は、卵から親への設計過程にも大きく関わっている。現代のiPS細胞の研究にまでつながるテーマでもあるため、ここで「胚」について、もっともよく使われるカエルの例で、図を使って確認しておこう。

まず、受精卵が発生を始めたものを胚と呼ぶ。

次に、図2―5のように、受精卵はまず2つに分裂（卵割）し、それが4つに、8つにと、それぞれ形状的な特徴を伴って割れていく。その先の桑実胚というのは、上半分（動物極側と呼ばれる方。反対側の極を植物極と呼ぶ）が桑の実に似た特徴的な割れ方をすることからそう呼ばれており、この時期に内部に腔（こう）という空間が生じる（なおヒトやマウスは少し違った割れ方をする）。さらに卵割が進んで胞胚と呼ばれる段階（胞胚期）になると、腔は胞胚腔と呼ばれる。引き続き激しく細胞分裂が起きており、この時点までで細胞の数は数十から数千個に達する。

細胞質が核を制御するという作用は、1952年にアメリカのロバート・ブリッグスとトーマス・キングがヒョウガエルの胚で行った実験で示された。彼らは未受精卵の細胞核を取り除き、そこへ別のカエルの胞胚の細胞核を移植した。するとその細胞はオタマジャクシになった。これが意味するのは、すでに細胞分裂が進んだ胞胚の細胞核であっても、未受精卵の細胞質内に入れてしまえば、遺伝情報が発現しつつあった事実がいわば「初期化されて」、ふたたび正常な発生

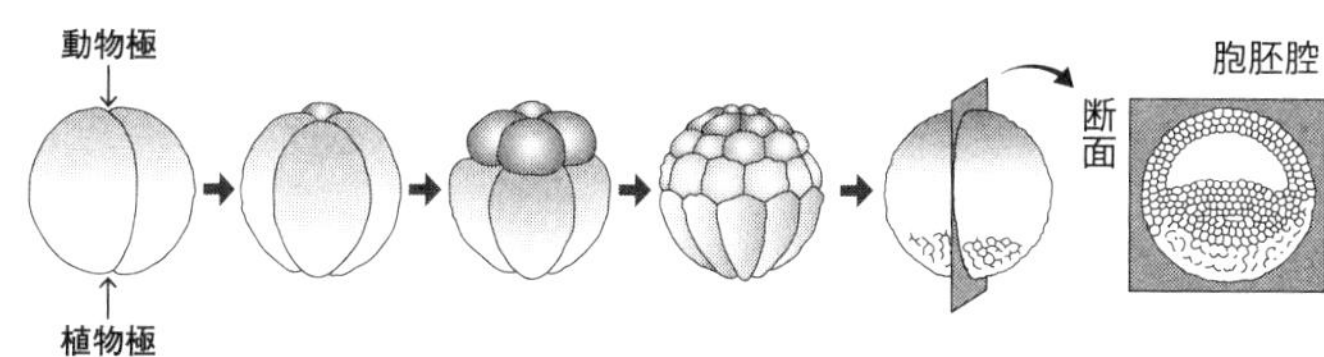

2 細胞期	4 細胞期	8 細胞期	桑実胚	胞　胚
受精卵が縦に割れる（経割）。	もう一度縦に割れて、割球の数は4個になる。	動物極側で割れる（緯割）ため、動物極側の割球のほうが小さい。	動物極側の割球はさらに小さくなる。動物極側の内部に卵割腔がある。	卵割腔は動物極側で発達し、胞胚腔と呼ばれるようになる。

図 2–5　最初の卵割から胞胚期まで

過程をたどることができるということである。具体的には、再び図2―5のプロセスを全部たどり直して、胞胚のあともさらに発生段階を進んで、成体（カエル）の直前段階である幼生（オタマジャクシ）の段階まで進むことができたということである。

これは、分化が進み特定の遺伝子群が発現するようになっていた細胞の核が、未分化の細胞質の中に移植されることで、細胞質による制御を受けて、核内の遺伝子群の発現が抑えられたことを意味している。

なおブリッグスとキングはこのほかに、もっと発生が進んだ「尾芽胚（びがはい）」（オタマジャクシになる直前の段階）の核を、未受精卵に移植したが、発生はうまく行かなかった。この実験結果の含意は次のように解釈された――分化がより進み、遺伝情報の発現が進んだ段階では、核は初期化されない、と。

しかしこれは若い研究者の実験によって否定されることになる。この研究を受けたイギリスのジョン・ガードンは1962年、さらに分化の進んだ細胞の核を使った実験を行った。アフリカツメガエルの腸の細胞の核を取って、核を除去した未受精卵の中へ移植したのである。すると驚くべきことに、非常にわずか（０・１％）ながら、完全なオタマジャクシが生まれた。ブリッグスとキングの実験結果からは、オタマジャクシ（の腸）どころか、尾芽胚の段階に至った時点ですでに核の初期化はできないと考えられていたからである。さらにガードンは、成体にまでなったカエルの水かきの表皮細胞から取った核を、未分化の卵細胞へ移植する実験を行って、やはりその一部は完全なオタマジャクシとなった。これも衝撃であった。ガードンは分化の進んだ細胞の核であっても、発生初期の未分化の状態に初期化がなされうることを示したのである。

２００６年にｉＰＳ細胞の作成に成功した功績で山中伸弥（しんや）氏がノーベル生理学・医学賞を受賞したのは、２０１２年のことだった。こちらも最初の作製の成功率はガードンの実験と似たようなものだった。授賞理由は「成熟した細胞が初期化され多能化されうることの発見」。このとき、同じ授賞理由でもう一人受賞者がいたことをどれだけの人が覚えているだろうか。それがガードンであった。右に述べてきたガードンの先駆的な実験は、山中氏の発想のきっかけをつくっていたのだった。実験に向き合うとき、１０００分の１の例を成功として捉えるのか、あるいは偶然によるエラーと捉えて捨て去ってしまうのかは、科学者としての成功の可否に大きくかかわってくるのである。

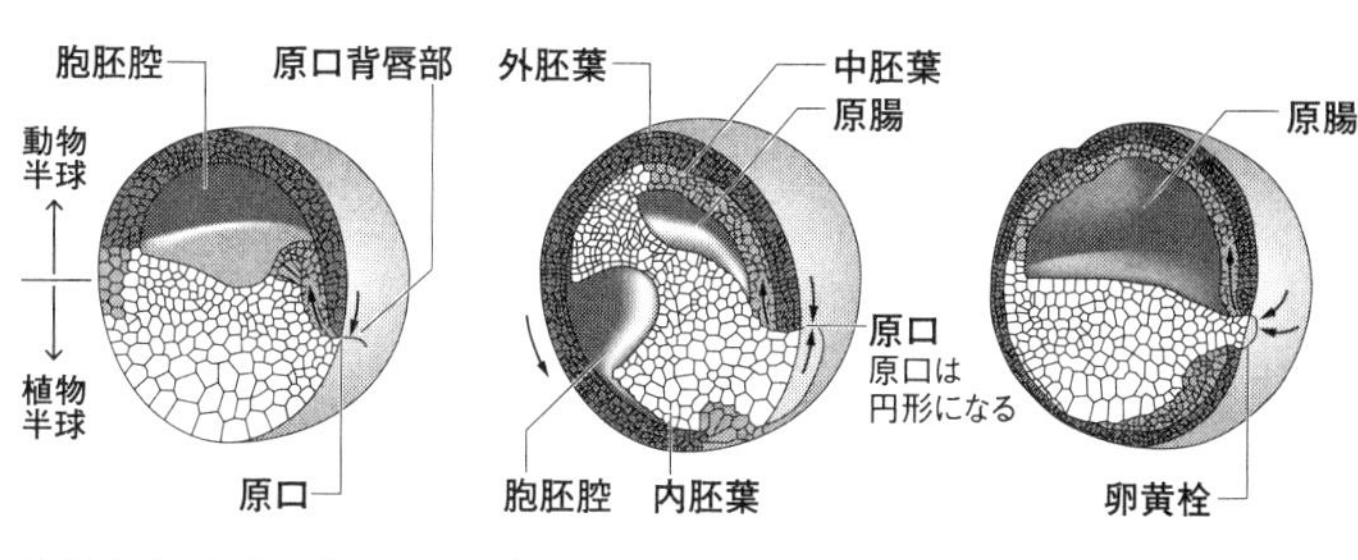

植物半球の細胞の陥入と原腸の形成が始まる。

陥入が進み、動物半球の細胞が胚を覆っていく。

胞胚腔は、ほとんど見えなくなる。

は外胚葉、または将来外胚葉になる部分	は中胚葉、または中胚葉になる部分	は内胚葉、または内胚葉になる部分

図 2–6　原腸胚期の経過

発生の連続性と不連続性

科学の世界に限らず、日本の研究者はなかなか「名言」を残さない。科学者は実績が第一であって名言はおまけのようなものだが、次のような言葉に出会うと、やはり日本からは出てこない言葉かと思うことがある。

It is not birth, marriage, or death, but gastrulation which is truly the most important time in your life.

（人生で本当にいちばん大事なときは、誕生でも、結婚でも、死でもなく、原腸形成だ。）

これはいったいこれはどういう意味なのか。「原腸形成」とは何なのか。それを理解するために、胚の発達過程をもう少し見てみよう。

図2―6は、図2―5の右端「胞胚期」に続く「原

腸胚期」の模式図である。これが「原腸」を生じる時期の胚であり、「原腸胚」と言う。図にはその初期・中期・後期を示した。原腸胚を縦軸に沿って切った断面図である。なお年輩で生物学を学んだ経験のある方は「嚢胚（のうはい）」という言葉を覚えているかもしれない。これは原腸を嚢（のう）すなわち袋と見立てて表現した名称で、原腸胚と同義である。

この頃、胞胚期には盛んだった細胞分裂の速度が少しだけ落ち着く。代わりに盛んになるのが細胞の移動である。それも胚全体を大きく作り変えるような大規模な移動である。

胚の外側にあった細胞の一部が内部に入り込む（陥入する）。ここを「原口」といい、陥入した先には新たな腔ができる。これは桑実胚期の卵割腔や胞胚期の胞胚腔とは別の空間であり、「原腸」と呼ばれる。

人間は1本の筒である、とはよく言われるが、カエルも同様であり、もっと広く言えば、「動物」と呼ばれる生き物のグループにとってこれは構造的に共通する特徴である。筒の穴にあたる空間が、ここで初めてできるのである。その一方の端は確かに口になるはずである。穴は専門的に言えば「腔」である。動物にとって最大の腔が作られるのが「原腸形成」である。これをもって生き物のライフイベントの中で最重要と考え、右に引用した名言を残したのは、イギリスの発生学者ルイス・ウォルパートであった。

ウォルパートがそのように表現したのは、腔ができるということだけからではない。生き物の体を作るための、背腹・頭尾・左右の、３つの体軸が決まるのもこの時期であるし、父親由来の

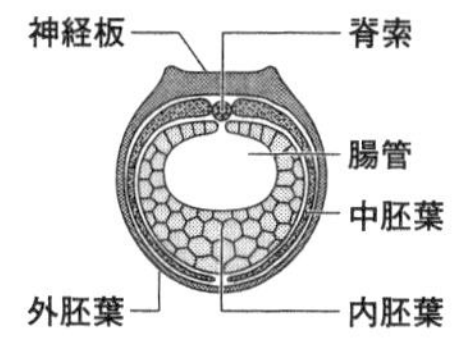

胚の背面の外胚葉が厚くなって、神経板になる。神経板の下側の中胚葉は脊索になる。

神経板の中央はへこみ、左右がもり上がる。

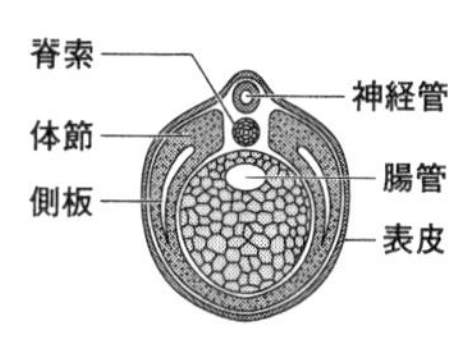

もり上がった神経板の左右がつながり、神経管を形成する。各胚葉の分化が進んでくる。

図 2–7　神経胚期の経過

遺伝子がさかんに使われるのも、後述のように3つの細胞群に分かれるのも、胚葉（後述）どうしで相互作用が生じて「誘導」が始まるのも、そして形態形成運動が生じて生き物の形づくりが始まるのもこの時期だからである。生き物が成体に向かうためのあらゆる動きが始まるダイナミックな時期である。

原腸胚期につづくのは「神経胚期」である。神経系の原型が出来上がる時期ゆえにこの名がある。図を見てみよう（図2—7）。これは神経胚を縦軸に沿って切った断面図である。

この時期の胚は、大きく3つの細胞群に分かれる。細胞群が外胚葉、内部へ向かって中胚葉、内胚葉の順に配置される。これら「三胚葉」はのちにそれぞれ次のように分化する。

外胚葉 → 神経管、胚の表皮 → 脳・網膜・脊髄、表皮・水晶体
中胚葉 → 脊索、体節、腎節、側板 → 脊椎・骨格筋、腎臓、心臓結合組織・平滑筋
内胚葉 → 消化管上皮、呼吸器上皮、腺上皮

外胚葉の上面がくぼんで溝となり、左右から縁がせり出して閉じ

て、神経管（のちの中枢神経）ができる。ゆえにこの時期の胚を神経胚という。内胚葉は原腸（腸管）を取り囲む。中胚葉は脊索となる。胚の中でのこうした細胞の移動はダイナミックかつ非常に流動的で、一つの体の原型をつくり出していこうという強烈で統一された方向性に基づいているのである。

さて、ここまで見てきた発生過程は、プログラムが順調に進んだ場合である。例えば、わずか数度の水温の違いがこのプログラムを狂わせ、異常胚となって発生が止まってしまったり、発生が進んで成体になっても異常が残されたりする。

卵から胚が成長し、親となっていく流れは連続的のようでいて、その実質に着目するといくつか不連続なポイントがある。いわば発生過程の「ジャンプアップ」である。図2―8はこの不連続なジャンプアップを示した概念図である。横軸が時間の進行を、縦軸が仮想的な変化の量を示している。

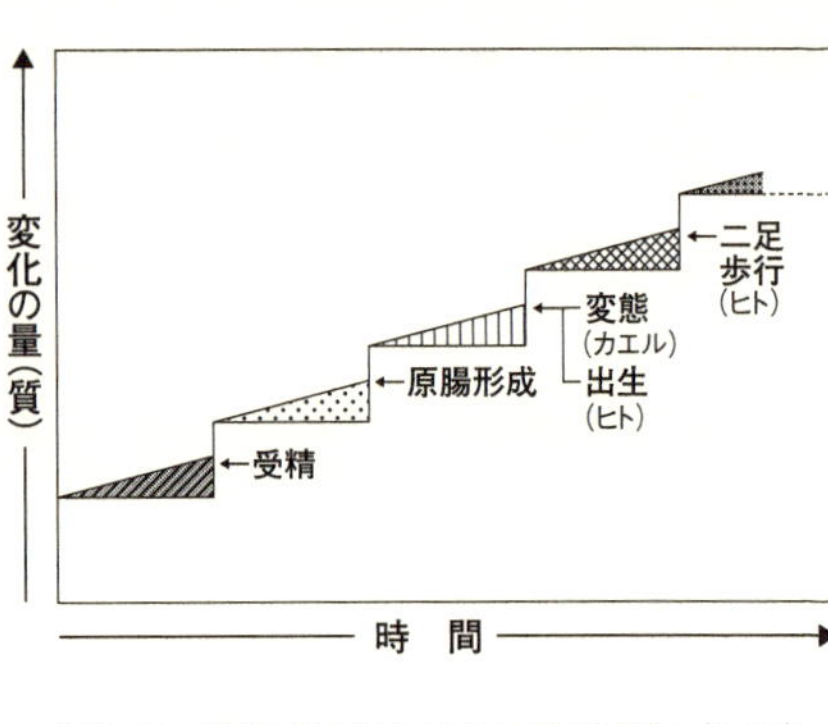

図2–8　発生過程における段階的分化（仮図）

まず、卵が受精する瞬間がある。卵は、母親が胎生期からずっと長い時間をかけて待機している。あるときに発生のエネルギー源となる物質を蓄積しながら肥大し、発生のプログラムを用意するようになる。そこへ精子が結合することで発生は一気に新しい局面に進む。これが第一のジャンプアップ、図中Aの「受精」である。

次なるジャンプアップは、右に述べた原腸形成（図中B）である。件の名言を残したウォルパートであればこの縦方向をもっと長くするかもしれないが、それはともかく、受精と同様、原腸形成はそれまでの発生過程の中で最大の変化と言ってよいだろう。

その後もジャンプアップは続く。ヒトならばまず出生がある。それまで羊水の中で母親からへその緒を通じて酸素をもらっていたのが、産道から出ると同時に肺呼吸によって酸素を得るようになると同時に、羊水から出て重力をまともに受けるようになる。また、幼児がハイハイから二足歩行へ移行するのも、筋力の使い方や平衡感覚の発展という意味でジャンプアップであると言える。

カエルの場合には「変態」もある。カエルやイモリなど両生類の場合は、神経胚期のあと尾芽胚期、幼生期（オタマジャクシ）を経て成体になる。爬虫類とは違って水辺から完全に離れることはできないとはいえ、基本的には陸上で生活をするようになる。また、エラ呼吸から肺呼吸と皮膚呼吸の組み合わせへの切り替えもおおごとである。

オタマジャクシとして水中で生活しているときは、水によって浮力を受けるので、体を大きくしても物理的な負担は少ない。餌となるプランクトンや水草は、水中に比較的豊富なので、食べ物を探すことに必死になるということもそれほど多くない。そして、比較的ではあるが、水中は外敵が少ない。

しかし陸上ではそうはいかない。浮力がないぶん、自分の体を重力に抗して支える仕組みを持たなければならない。まず、カエルの場合は水中の移動に不可欠だった尾を短くする。そうして余計な体重を減らすとともに、体全体の骨格を強化し、四肢を長くして体を支えられるように変化する。すばしこい昆虫を見つけ、捕食しなくてはならないので、それまでよりはるかに敏捷に動けるように四肢や神経、視覚が発達する。水中であれば常に潤っていた眼も、陸上生活になると日光や風でどんどん乾燥してしまうため、乾きにくい構造へと変化する。水分は体全体から蒸発していくので、皮膚を硬く厚くして乾きにくくすることも必要である。

エラ呼吸から肺呼吸も大きな変化である。エラにせよ肺胞にせよ、微細な構造によって表面積を増やした器官から酸素を取るという仕組みは同じであっても、水に含まれる酸素を取る仕組みを、空気の中の酸素を取る仕組みにするためには根本的な変革が必要である。

重要なのは、こうした移行がごくわずかの時間で行われることである。体の仕組みを短い時間でいっせいに変えることができなければ、水中生活から陸上生活に移行することはできない。

ホルモンによる均衡

このような激しい変化は、決してばらばらに行われているわけではない。無秩序に思える大変動を制御している「系」が存在する。

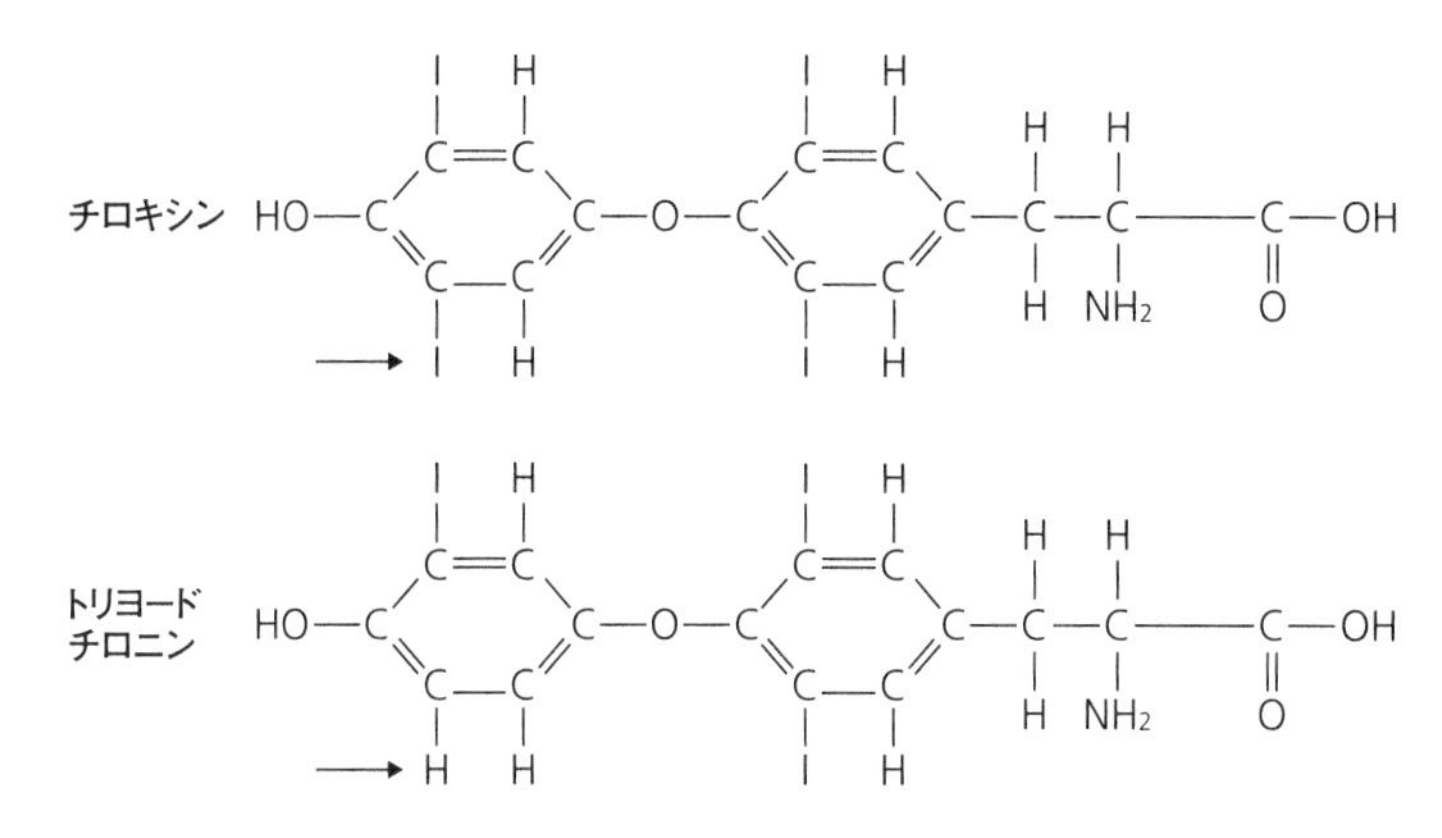

図 2–9　変態に必要な甲状腺ホルモン 2 種

それは、大脳の下、右脳と左脳の間にある「間脳(かんのう)」の視床下部であり、その下に位置する脳下垂体と、胸部にある甲状腺である。視床下部から脳下垂体へ「甲状腺刺激ホルモン」を放出させるホルモンが分泌され、それを受けて脳下垂体から甲状腺刺激ホルモンが出され、それが甲状腺に働きかけて、チロキシンやトリヨードチロニンという「甲状腺ホルモン」が分泌され、変態の引き金となるのである。ホルモンという言葉は見慣れていながらその実体（分子的実体）を知る人は多くないであろうから、ここに例として示す（図2—9）。上がチロキシン、下がトリヨードチロニンである。両者の違いは、構造式の左下部分がヨウ素か水素かという1カ所（図中の矢印）だけである。前章でタンパク質の構造と機能について述べた。チロキシンとトリヨードチロニンはタンパク質ではないが、タンパク質でなくても同様のこと——構造が少しでも変われば機能も変わること——が言えるのである。

変態が何によって引き起こされているかは分かった。しかし、より大きな全体図を見ると、変態は「引き起こされた」だけではないことも分かってくる。引き起こす動因がある一方で、それが起きないよう押し止める動因もあったのである。まさに、スタティック（静的）に見える生体の、内に秘められた緊張と均衡の表現である。

具体的には、成熟を抑えようとするプロラクチンというホルモンが、途中までは盛んに働いていたということである。これは脳下垂体から直接分泌されるホルモンである。

実験的に、このプロラクチンを投与し続けると、オタマジャクシは変態しないまま成長を続ける。通常は体長4～5ミリまでのオタマジャクシが、15センチぐらいの巨大オタマジャクシに成長してしまうこともある。しかし、その途中で、前述のチロキシンを与えると、止められていたはずの変態が引き起こされて、陸上で生活できる成体に変わるのである。

プロラクチンとチロキシンは常に拮抗して働いているわけではない。図2―10のように、発生段階で働きが異なる。つまり、aのオタマジャクシの段階ではプロラクチンが強く働き、幼生のまま体が大きくなるようにコントロールされている。それが徐々に、bの変態期にかけてプロラクチンの分泌が減るとともに、甲状腺ホルモン（チロキシンやトリヨードチロニン）の分泌が増えるのである。この両者のホルモンのバランスによって、四肢が伸び、尾が縮むなどの変態が進む。やがて陸へ上がり始める頃には甲状腺ホルモンの影響が強くなって、cの成体としてのカエルの姿へと変わっていく。

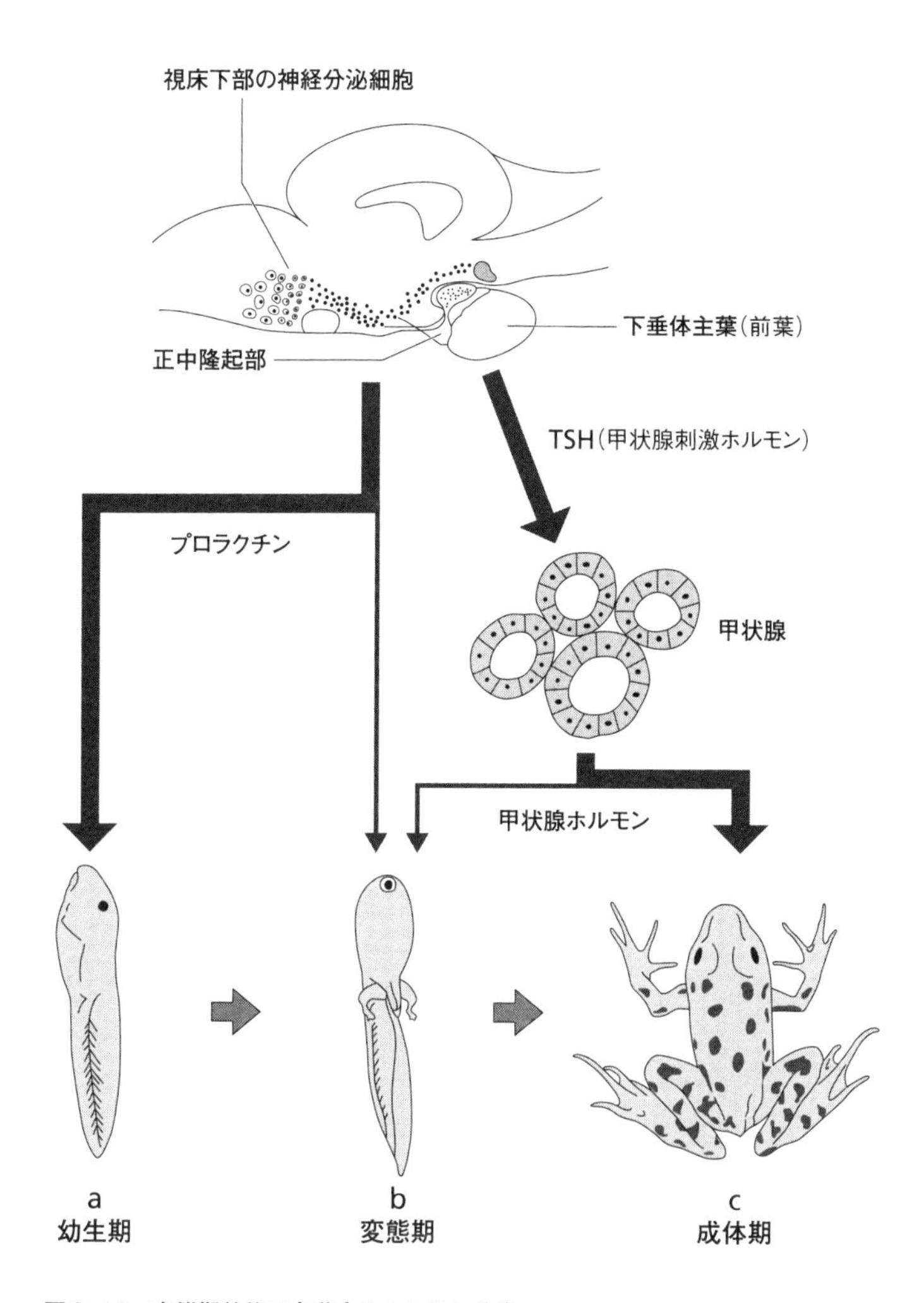

図 2–10　変態期前後で変動するホルモン分泌

このように、変態はホルモンの働きによって制御される。これらのホルモンを制御しているのは、視床下部である。しかし視床下部だけが中心となって命令を出すような存在になっているわけではない。産生された甲状腺ホルモンは血流に乗って、おおもとの視床下部や脳下垂体、そして母体である甲状腺へ運ばれる。これは、すでに血中に甲状腺ホルモンが分泌されていることを示すフィードバックであり、一定以上に分泌され過ぎないように自身の血中濃度を調節する「負のフィードバック」となる。

これは、たとえるなら室温感知機能のついたエアコンである。部屋を暖めるのなら暖房の設定温度を上げるが、そのうちその温度に到達するとエアコンは動作が落ち着き、一定の温度を保とうとするだろう。

ホルモンによる均衡はこのように、どこか1カ所の器官が指令を出して維持管理しているのではなく、分泌系全体が動的に相互に制御し合っているということになるだろう。「分泌」は一方的な作用をイメージしがちな言葉だが、生体の仕組みはそこまで単純ではないようである。

ホルモン分泌を背景で左右する要因として、環境の変化がある。イモリもオタマジャクシ（幼生）の時期を経験するが、幼生から成体への変態について観察すると、低密度で飼育した場合は、大きく育ってから、ある時期にまとまって変態を行う。これに対して過密状態で飼育すると、大半は大きくならずに変態してしまう。しかも変態の時期が個体間で大きくばらつく。

もう1つ、日本でかつて人気のあったアホロートルという両生類についても似た例が見られる。

この種は通常、エラを持った幼形のまま肢が生えて性成熟もする、いわゆる幼形成熟（ネオテニー）をするが、ごくまれに成体になることがある。その原因の1つが密度である。過密状態で飼育すると成体へと変態する個体が出てくるのである。生育環境における個体密度の変化は、変態、ひいてはホルモン分泌に大きく影響していることが分かる。

作用系と反応系のタイミング――情報の受け渡しの時期

ここまで、核が細胞質を制御するという常識的な理解に対して逆に細胞質が核を制御している面があること、また視床下部が脳下垂体以下、甲状腺へと命令を出していることに対して、甲状腺から出たホルモンが「上流」にあたる諸器官へフィードバックを行い、分泌の有無を制御していることを示してきた。発生や個体維持のプログラムというのは、単に設計図を描く一方的・命令的な流れがメインになっているわけではない。仮に「上流／下流」という流れを想定したとして、上流で命令が出ても、それを受けた下流は別種の反応を返すという動きがあり、どちらが先なのかを問うことは場合によっては意味をなさない。そのような動きが全体としてある程度の幅を持ちつつも調和を保っていることが、成体の目指す安定状態の1つである。

本項ではさらに動的な、上流と下流の区別すらつきにくいような例を見てみたい。成体を目指してダイナミックな物質変動を続ける胚の中では、主客入り乱れるような形で作用と反応が繰り返されており、これこそプログラムの複雑さ、つかみどころがないほどの奥深さを表す。次に掲げるのは、胚の一部が、自らの発生プログラムを実現しようとする力をいつ発揮するのかという例である。

原腸胚において、三胚葉が将来、何に分化していくかについては先述した。将来表皮になる部分を予定表皮域といい、神経になるであろう部分を予定神経域と呼ぶ。ドイツのハンス・シュペーマンらは1921年、胚の一部が持つ、発生プログラムの実現力を調べるために、一連の3つの実験を行った（図2―11）。なお胚の一部を胚域と呼ぶ。

まず最初の実験1では、2種のイモリの2つの原腸胚で、予定表皮域の一部（移植片H1）と予定神経域の一部（移植片S1）を交換する移植を行った。この原腸胚は初期のものである。表皮になるはずだった移植片H1が神経になるべき胚域に入り、神経に分化するはずだった移植片S1は表皮になるべき胚域に入ったことになる。すると、どちらの移植片も、移植先の胚域に順応し、プログラムをいわば「忘れて」しまった。移植片H1は移植先で神経に分化し、移植片S1は移植先で表皮に分化したのである。これは、移植片が、プログラム実現力を失ったことを意味する。その理由は、移植片がまだ若く未分化の状態――すなわち万能細胞に近い、いかなる細胞にもなれる状態――であったためと考えられる。

次の実験2では、これと同様の移植を、今度は原腸胚の後期のもので行った。移植したものを右の実験にならって移植片H2、移植片S2とすれば、H2は神経に分化するべき胚域に入って、

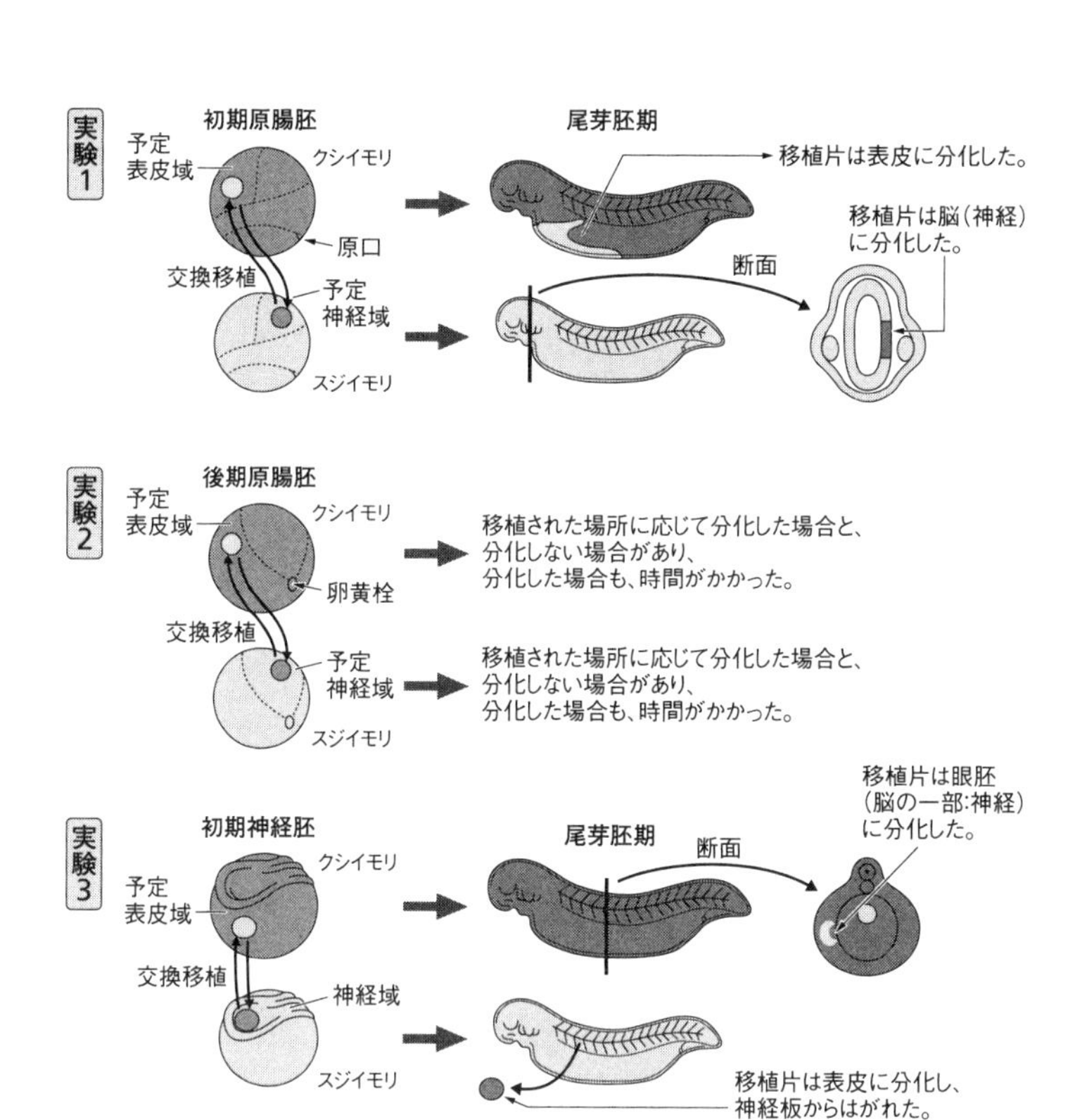

図2–11　シュペーマンらによる3種の交換移植実験

あるものは神経に分化したが、実験1のときより時間がかかった。また別のものはついに分化せず発生を止めてしまった。これは、移植片が、プログラム実現力を多少発揮したことを表す。実験1の期間に比べて、発生が少し進んだ後期の原腸胚であったため、移植片自体の分化もいくらか進んでいたためだろう。

最後の実験3では、さらに発生の進んだ神経胚のもので同様の移植を行った。原腸胚では予定神経域だったものが神経胚では図2―7のように、「神経板」という胚域になっている。ここから切り出した移植片をS3、予定表皮域からの移植片をH3としよう。すると今度は実験1と逆の結果が得られた。S3もH3も、自らのプログラムを遺憾なく発揮した。すなわち、S3は神経板の一部であった経歴どおり、神経の一部である眼胚に分化し、H3は神経板のただなかに移植されたにもかかわらず表皮に分化し、神経板からは剝がれ落ちたのである。

一連の3つの実験は何を示しているのか。これは、「作用系」と「反応系」の、情報の受け渡しのタイミングという問題である。作用系も反応系もここでは胚のある部域のことを言う。移植片H1〜3・S1〜3が反応系、それらの移植先の胚域が作用系にあたる。作用系が刺激を与えた先の胚域が、同じ組織に分化した場合、作用系がそのような分化を「誘導した」と言う。いわば、情報の受け渡しがうまくできたということである。これが実験1のケースだった。

逆に、情報の受け渡しが上手くいかないのが、実験3であった。移植先の胚域（作用系）が移植片（反応系）に働きかけても、誘導されなかったのである。そして実験2でちょうど中間的な結果が出たことは、反応系が情報を受け付ける時期が、徐々に経過してしまったことを表していた。

誘導物質とモルフォゲン——発生における情報の実体

発生において、情報の受け渡しとその時期が重要であることを述べた。では、その「情報」の実体は何であるのか、どのように実際の発生を制御しているのか。前項の移植実験での移植片は「オーガナイザー（形成体）」と呼ばれ、その周囲にある細胞を分化させ、器官へと形成するよう促す物質を分泌している。この物質を仮想的に「誘導物質」と呼び、その実体を突き止めるために、１９２４年のハンス・シュペーマンの発見以降、様々な研究者が取り出そうと試みた。

筆者もこの現象に魅了され、大学院を修了後、長年の間この研究に没頭した。そしてヒトの様々な細胞を培養した上澄み液を使ってテストを繰り返し、その中の2種に強い活性を見出した。そこから誘導物質を取り出して、それが「アクチビン」であると同定することに成功し、発表した。１９８９年のことであった。

現在ではこのアクチビンと、ビタミンAの一種であるレチノイン酸を様々な濃度に調節して、胞胚から切り出した外胚葉の細胞（アニマルキャップ）を浸すことにより、カエルの未分化の組織片から20近くの異なる臓器を作り出すことができるようになった。（図2—12）。例えば１ミリリットルあたり5ナノグラムのアクチビンを入れた溶液にアニマルキャップを浸すと正常な筋肉と同じものができ、徐々に濃くしていくと心臓や肝臓もできてきた。同時に、レチノイン酸も足してやると、膵臓（すいぞう）などもできてくるのである。

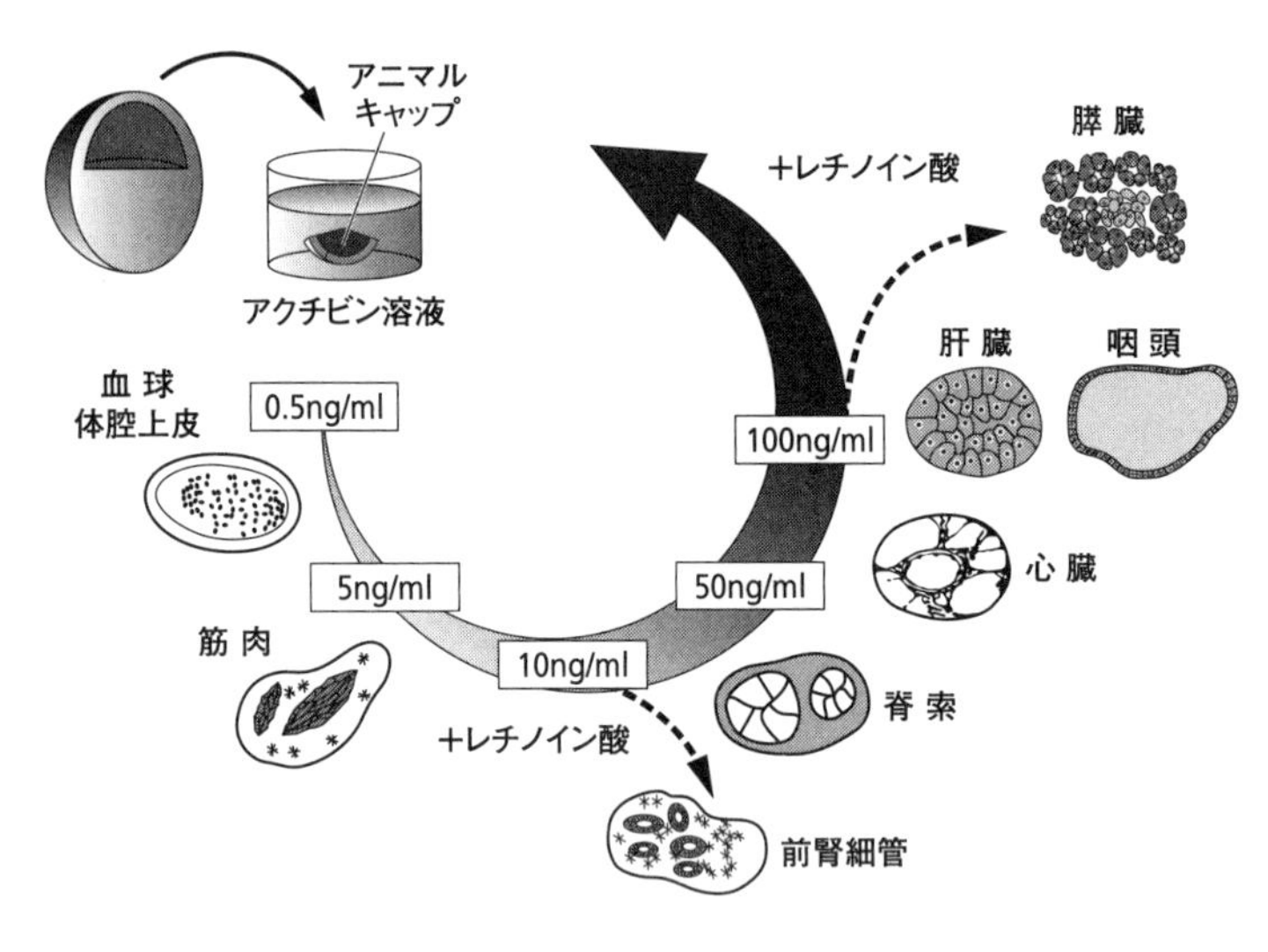

図 2–12　アクチビンによるアニマルキャップの処理と分化誘導

こうした組織や器官の形成にかかわる数百もの遺伝子の発現順序も分かってきた。ただし、生体では組織の形成はもっと多様な因子が相互にかかわり合ってネットワークを作りながら行われており、こうした単純化した実験と同一視はできないことを申し添えておこう。

アクチビンやレチノイン酸のような誘導物質やその活性を制御する物質は、発生中の胚の中で局所的に濃かったり薄かったりする「濃度勾配」を作って存在している。このような因子を「モルフォゲン」と呼ぶ。このモルフォゲンの濃度の違いを、受け取る側の細胞が「感知」する。感知した細胞は、異なるシグナル伝達の活性化を介して、遺伝子発現のプログラムの違いを生み出すことができるのである。

ホメオティック遺伝子群――発生における情報制御

この遺伝子発現プログラムの鍵を握る遺伝子群として「ホメオティック遺伝子群」がある。ホメオティック遺伝子群は、からだの前後で異なる器官にかかわる構造（たとえば脚や眼など）の数と配置を制御する役割を持つ。

1940年代末にエドワード・ルイスはショウジョウバエを用いて、各器官がいびつな再配置を起こす「ホメオティック変異体」の研究を開始した。さらに、クリスティアーネ・ニュスライン＝フォルハルトとエリック・ヴィーシャウスは、このような変異体で重要な遺伝子を同定した。たとえば、ホメオティック遺伝子のひとつであるアンテナペディア（「触覚＋足」を意味する造語）遺伝子の変異体は、ハエの頭部に触角ではなく肢を生えさせる。バイソラックス（「2対の胸部」を意味する造語）遺伝子の変異体は、胸部が2つ連続して形成されて、通常は2枚の羽が4枚になってしまう。これらの変異体における遺伝子の同定と、発生における時間的、空間的な意義を解明した業績で、3氏は1995年にノーベル生理学・医学賞を受賞している。

現在では、ホメオテッィク遺伝子群はハエだけではなく、体節を持つ全ての動物が持っていることが分かっている。ホメオティック遺伝子群により生産されたタンパク質は、共通して「ホメオボックス」という領域を持っている。この領域によって、DNAに結合する機能を持ち、遺伝

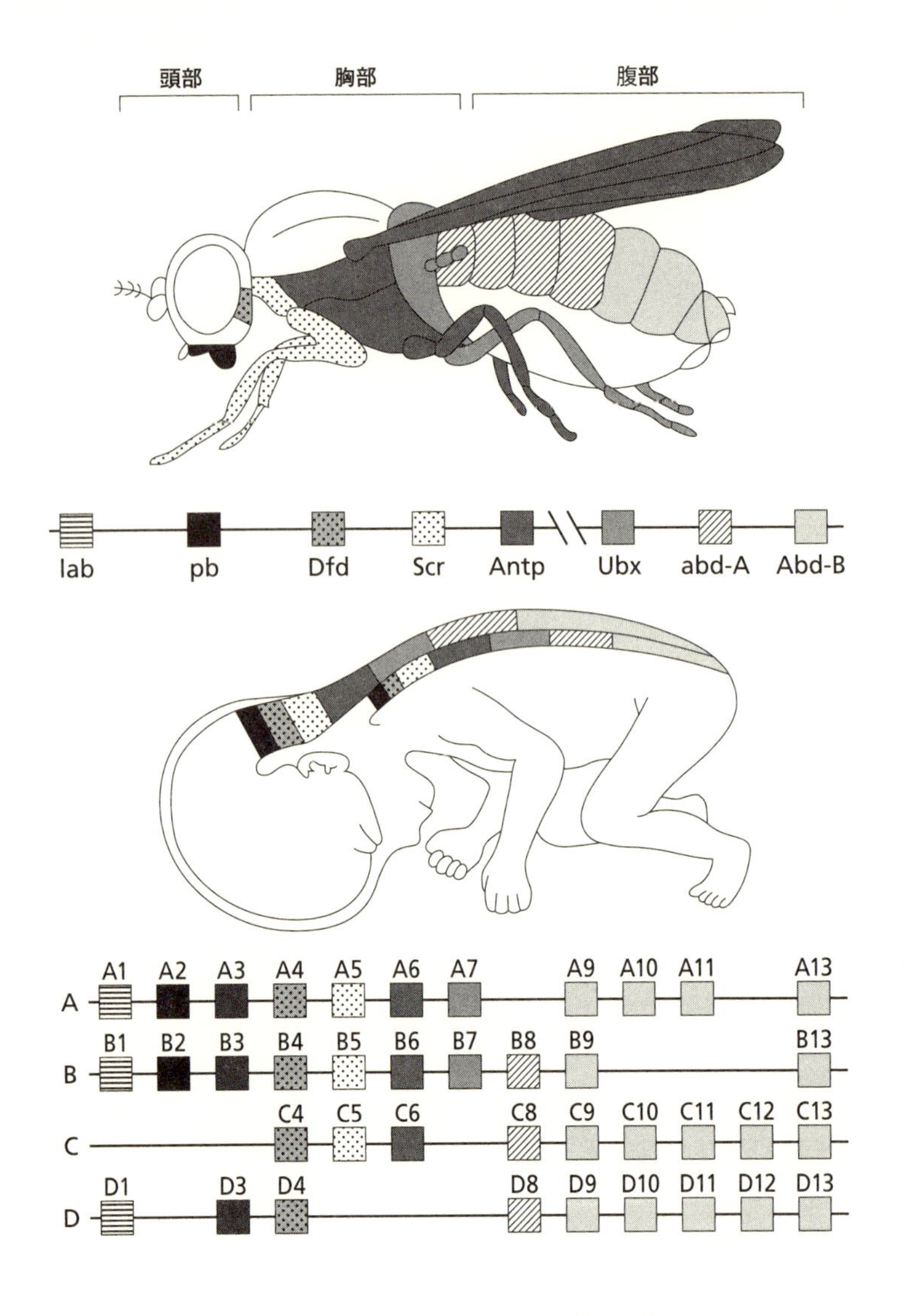

図 2–13　ショウジョウバエとヒトのホメオティック遺伝子群

子の転写を制御できる。

さらに興味深いことに、ホメオティック遺伝子群は様々な動物種において構造的にも機能的にも非常によく共通性を保っている。たとえば、頭部の形成を制御するホメオティック遺伝子が欠けているショウジョウバエの変異体に、相同性のある（類似した）ニワトリの遺伝子を挿入することでその変異体で欠けた組織を補うことができる。また、筆者らの研究においても、眼を形成するのに重要なPAX6というホメオボックスを持つ遺伝子では、ショウジョウバエのPAX6遺伝子を発生中のカエル胚に挿入すると、カエルの眼の発生プログラムを起こすことができると実証した。

ホメオティック遺伝子群が、動物において進化したのちも共通性を持って保存されていることは、生き物の形作り（ボディプラン）がいかに普遍的で安定的であるかを示す好例であると言える。図2―13に示すように、ハエとヒトでも同様である。ハエのホメオティック遺伝子群はHOM遺伝子と言い、1本だが、ヒトの遺伝子群はHox遺伝子群と言い、4つの染色体に分かれて存在している。いずれも頭尾軸に沿って組織を形成させる遺伝子群である。図中の同じ図柄どうしはおおよそ対応している。このように、ハエとヒトは見た目上はもちろん非常に異なっているが、その基盤となる遺伝子のはたらきにはさほど違いはない、と言っても過言ではないだろう。

細胞死のプログラム——細胞分裂と細胞死

「必ず死ぬように運命づけられている」という表現は、生き物全般の運命のことを言う文学的な表現にも思える。しかし発生過程での細胞死にもそうした現象を見ることができる。「プログラムされた死（programmed cell death）」と言われるアポトーシスという仕組みがそれである。

アポトーシスは時限爆弾のように作動する。ある時期が来ると、カスパーゼというタンパク質分解酵素を活性化するシグナルが細胞外から来て、細胞内にあったカスパーゼは核膜を消失させ、DNAのクロマチン構造を細切れにすることで、細胞小器官を破壊し、細胞内の情報伝達経路を破壊し、DNA修復機構まで破壊して、細胞を分解してしまう。

これに対して生き物の死は全く異なって、いつ死ぬかは決まっていないし、誰にも分からない。DNAの再生産は基本的に健常に続けられ、DNA修復機構も働くが、それも直せなかったエラーが蓄積することで徐々に生体の存続が危うくなっていくのであって、それでもいつ「最後」が来るかは、分からないのである。

さてこのアポトーシスは分化の探究から見つかった。ヒトの体の細胞は40兆個と言われる。たった1個の受精卵という細胞が分裂してここまで増えてきたわけだが、いまある1つ1つの細胞をそれぞれ40兆通り、時間を逆にたどって行けば最後は受精卵にたどり着くはずである。しかしそれは現実的に不可能である。数が多すぎるからである。では、細胞数の少ない生き物ならどうか。それでも気が遠くなる作業である。

イギリスの生物学者シドニー・ブレナーは、分化を遡って観察するのに、線虫の一種であるC・エレガンスが最適だと思った。そして遡る作業を実現した。1960年代のことである。この線虫は体長約1ミリで、口から肛門までの消化管、筋肉や神経などの細胞も持つ多細胞生物であり、細胞数が非常に少なく、体が透明で観察しやすい。ブレナーは1個の受精卵が分裂を繰り返した結果、最終的にどの細胞が体のどこの細胞になるのかを、根気強い観察によって明らかにした。

C・エレガンスの成虫の細胞数は959個だが、これは131個の細胞が死んだせいであり、本来の細胞数は1090個であった。別の線虫でも131個が死んでいた。その別の線虫でも細胞数は同じだった。これは事故などではなく、計画された細胞死であることをブレナーは確信した。131個の細胞は発生過程で必ず死ぬようにプログラムされていたのである。これは衝撃だった。ブレナーは「器官の発達の遺伝的制御とプログラムされた細胞死に関する発見」の研究により、2002年にノーベル生理学・医学賞を受賞している。

カエルもヒトもアポトーシスを経験して成体になる。オタマジャクシがカエルになるとき、尾が短くなるのはアポトーシスのはたらきによる。変態を前にしてカスパーゼ活性化シグナルが来るか、あるいはカスパーゼを抑制するタンパク質を不活化するかである。ヒトも、胎児の一時期、手の指の間に水かきのような膜を持っている。この部分の細胞がプログラム通りに死んで取り除かれるからこそ、いま私たちの指の間にはほとんど水かきがついていないのである。

第2節　要素と全体のかかわり合い

場の形成——発生の〝場〟と胚の統一

受精卵の細胞分裂が始まって卵割が起こり、桑実胚期を終えると胞胚期になって胞胚腔ができる。このとき父親の遺伝子はまだ働かず、母親のものだけが働いていることは、前述のとおりである。図2—5に示したカエルで言う右端の時期である。ヒトは桑実胚期まではこれとおおよそ似た形だが、その次のステージでは内部構造が少し変わる。この時期の胚は「胞胚」よりも「胚盤胞」と呼ぶことが多い。近年よく行われる体外受精では、取り出した卵に受精させたあと5日間ほど培養して、本来の着床時期の6日目になって子宮内に戻すが、この着床時期が胚盤胞期にあたる。ヒトにおいても、成体に向かう長い道のりの、最初の一里塚と言えるかもしれない。

動物一般でも、この時期に胞胚の中では盛んに細胞分裂が起き、次第に内部に広い空間である胞胚腔（人の場合は胚盤腔）が形成される。この空間の周囲を上皮が取り巻いて胞胚（内部に空間を持つ胞状の胚、の意）ができるのである。この上皮（正確には上皮様細胞層）の壁によって外界と胚の内部は遮断される。それはイオンすら自由に出入りできないほどの強い遮断であり、これによって胚の内部には特別の環境がつくられる。

この内部で起きていることを調べるために、マウスを使ったある実験が行われた。胞胚腔の中にがん細胞を移植したのである。このがんはテラトーマteratoma（奇形腫）という。これは生殖細胞の異常に由来する、異常細胞増殖と、様々に分化した組織が混在した異常な形状を示す。ところが、マウスの胞胚腔に移植したテラトーマは異常な増殖も異常な分化もしなかった。そのマウスは正常に成長したのである。

そこで、白い色のマウスの胞胚腔に、黒い色のマウスから取ったテラトーマを移植した。黒い色のマウスから取ったテラトーマ細胞も黒い色をしているので、増殖すればはっきり分かるはずである。ところが、このテラトーマも無秩序な増殖と分化に至らず、正常な細胞と同じように、いわば〝おとなしく〟なって、胞胚腔という発生の〝場〟に押し込められたまま発生が進み、その結果、白と黒がまだらに交じったキメラマウスが生まれる。成体になったマウスの黒い部分を調べてみても、がん細胞としての性質は失われている。胚の中で正常化されたら、もう不可逆だったのである。

さらに、今度はそのキメラマウスどうしを交配させると、生まれてきた子どもの中には全身が黒い色のマウスが含まれていた。黒い色はもともとテラトーマ由来だったはずだが、やはりがんの性質を失い、色が黒いだけの正常なマウスになっていたのである。

つまり、特別な環境である胚という発生の場に閉じ込められると、強力ながん細胞ですら、その性質を抑制されてしまうのである。発生の場の力はそれだけ強い。私たち動物は発生過程においてさまざまな環境にさらされる。それでもヒトはヒトに、カエルはカエルに、ショウジョウバエはショウジョウバエに、正常に発生していく。発生の場が、あらかじめ持っているプログラムを正常に進ませるような強い力を持っていることを示している。

発生だけでなく、再生についても似たことが起きる。再生は第4章で述べるが、ここではテラトーマに関連する範囲内で述べよう。ヒトの手足は切断してしまうと、接着することは場合によっては可能だが、再び生えてくることはあり得ない。カエルも同じくあり得ない。しかし同じ両生類のイモリは違う。肢を切除しても再び生えてくるのである。これはいったん分化した細胞が、切断という刺激によって切断した部分の近くが未分化の状態に戻り（脱分化という）、血管、骨、筋肉がもう一度再生して、元どおりの新たな肢が生えてくるのである。

発生の場も、再生の場も、通常の生活ではあり得ない勢いで細胞が増殖している場所である。発生の場合は体細胞分裂、再生の場合は細胞の不等分裂（第5章で後述）であるが、いずれにせよこうした細胞増殖のさかんな場所では、がん細胞の性質すら抑え込んでしまうような、強力な「統一への力」が働いているのである。

「がん」を捉えなおす

がんはヒトにとって確かに恐ろしい。1981年に脳卒中に取って代わって以来現在まで、がんは日本人の死亡原因の第1位である。2015年の統計では、全死亡者数の28・7%の死因となっている。

がんについて私たちは多かれ少なかれ、部分的には専門的と言える知識を持っている。情報源はマスコミであり、教育であり、またその背景にある研究の進展であろう。その源流となったきっかけの1つは、ある首相経験者の死だったかもしれない。

「所得倍増計画」で知られた池田勇人(はやと)首相は1960年から政権を担い、1964年、東京オリンピック閉会式の翌日に辞職を発表して、それから1年も経たないうちに喉頭(こうとう)がんで亡くなった。これが政府のがん対策を積極化させた一因であったと言われる。その年に「がん対策小委員会」という組織が政府内に作られ、がんについての広報・教育、健康診断の実施などと並んで、がん研究の推進が方針として定められた。国立がんセンターは一貫してその研究の中心となっている。

そもそもがん研究において日本は世界に先駆ける実績を残していた。1915年、東京大学の山極(やまぎわ)勝三郎は、世界で初めて、人工的にがんを作ることに成功した。これは3年間にわたってウサギの耳にコールタールを塗り続けるという実験の結果である。その後、コールタールの中に発がん性の物質があることが示された。特定の化学物質の刺激ががんを引き起こすことは間違いない。これに先立って1913年に、コペンハーゲン大学のヨハネス・フィビゲルがマウスの胃がんの原因を寄生虫であると報告し、世界最初の人工発がんの成功であるとされて、1926年にノーベル生理学・医学賞を受けた。しかしのちにこれが誤りと分かった。残念ながらノーベル賞は贈られなかったが、今では山極のものが「がん刺激説」の最初であったと考えられている。

近年とくに話題になったことで、カフェインについての議論があった。コーヒーが好きな方には他人事ではなかったことだろう。これも元はと言えば遺伝子変異やがんの研究と関連があった。つまり、カフェインの大量摂取は遺伝子変異を引き起こすという仮説から研究が進められる一方、その変異ががんに与える影響を考えようとする研究の流れもあって、端的に言えば「コーヒーなどでカフェインを大量に摂ると発がん可能性が高まる」という問題意識が強まったのである。

結論から言えば、カフェインに発がん性は認められなかった。遺伝子を変異させる効果はあるものの、遺伝子変異だけですぐにがんが生じるわけではなく、がん化までにはいくつか段階があり、そのそれぞれで〝ブレーキ役〟の遺伝子の働きを乗り越えないとがんは発生しない。この考え方は「多段階発がんモデル」に代表されるが、カフェイン自体はこの段階をステップアップさせる力を持っているとはみなされなかったのである。この研究は、疫学的にも社会的にも大きな影響を持っていたと言えよう。

むしろ危険なのは、タバコの受動喫煙である。近年はETS（environmental tobacco smoke：

環境タバコ煙）という表現がなされるが、これは喫煙者が吸い込む主流煙ではなく、吐き出した煙と、燃える煙草の先端から出ている煙を合わせてこのように呼ぶ。ヘビースモーカーの家族がかかった肺がんについての調査から、1981年に世界で初めて受動喫煙の発がん性を指摘したのは日本の研究者であった。さまざまな議論があったが、今世紀に入ってからは各研究機関もそれを認めるようになってきている。筆者もこれに異論を持たないが、タバコの煙について微粒子という観点を導入してみたい。

いわゆる「タバコの煙」が私たちの目に見えるのは、それが微粒子の集まりだからである。近年話題になるPM2・5とは、空気中に漂う、直径が2・5マイクロメートル（1ミリメートルの400分の1）以下という極小の粒子のことである。タバコの煙を構成する微粒子はさまざまだが、これより小さいものも多いことが知られてきた。つまりタバコの煙は実質的にPM2・5と同じ影響力を、生体に対して持つのである。

これら微粒子は呼吸によって肺など体の各器官に到達し、沈着する。必ずしも沈着の直後とは限らないが、それが原因で炎症を起こす人もいる。その炎症が慢性化し、大きな病気につながる可能性が出てきたのである。そうなるかどうかは微粒子の量にもより、個人差もあるが、疫学的には知られてきた事実である。

1970年代以降、世界中で「発がん物質」の特定が進んだが、その後の研究の進展で発がん物質指定を解除されたものもある。アメリカでは、オスのラットで発がんリスクの上昇が認められて一時大きな社会問題にまでなった甘味料のサッカリンが、今では、ヒトに対しては発がん性があるとは言えないという扱いになっている。

以上はいずれも、がんの原因が、体の外から来る化学物質であるという認識にあてはまるものだった。同様に〝外から来る〟ものとしてウイルスが原因とする説も認められた。フィビゲルや山極と同時代のアメリカではニワトリの間で肉腫(にくしゅ)が流行しており、これを研究していたアメリカのペイトン・ラウスは1911年、肉腫をすりつぶして、ウイルスにしか通過できないような小さな孔の濾過器を通した液を別のニワトリに注射して、腫瘍(しゅよう)を発生させた。「がんウイルス説」の嚆矢(こうし)であった。

この成果は認められるまでに時間がかかった。とくにノーベル生理学・医学賞を受賞するまでには55年という歳月を要した。功績は「発がん性ウイルスの発見」であった。この間に電子顕微鏡が普及し、詳しく調べられたところ、その正体がRNAウイルスであり、中でも逆転写酵素を持つレトロウイルスであることが分かったのである。がんウイルスが正常な細胞に侵入し、核内のDNAを乗っ取って自己を複製させ続けることでがん化させていたのだった。

がん遺伝子の重大な役割

ふたたび話題を発生過程へ戻そう。

１９７０年代まで、がんの原因は化学物質にせよウイルスにせよ放射線にせよ、〝外から来る〟ものだった。この見方を１８０度転換させたのがアメリカのマイケル・ビショップとハロルド・ヴァーマスだった。

「原がん遺伝子」あるいは「がん原遺伝子」という言葉は今や広く知られるようになったが、この考え方には40年の歴史しかない。ラウス以後のアメリカでは、肉腫ウイルスの中で発がん性を持つものと持たないものがあることが分かり、その差が「Ｓｒｃ（サーク）」という遺伝子の有無にあることが分かった。そして１９７６年、ビショップとヴァーマスは、ウイルスが持つこのＳｒｃがほかの正常なニワトリや脊椎動物、そしてヒトの遺伝子にも存在することを突き止めたのである。

それまで、がんの原因は外からやってくるのだから危険要因の侵入を防げばそれで済むと考えられていたのを、がんの原因は最初から私たちの体の中にいて、それも遺伝子に組み込まれてしまっていたということを明らかにしたのである。これは衝撃であった。その後Ｓｒｃのほかに、Ｍｙｃ（ミック）、Ｒａｓ（ラス）などと呼ばれるさまざまながん遺伝子が存在することが明らかになった。がんなど腫瘍についての研究をオンコロジー oncology と言うが、この onco と遺伝子（gene）を組み合わせて、がん遺伝子のことを oncogene（オンコジン）という。右に述べたようなウイルス由来のオンコジンには virus（ウイルス）のｖを前につけてｖ－オンコジン v-oncogene と呼ばれている。

細胞ががん遺伝子を持っているなら、なぜ今すぐがんにならないのか？　それに答えるには、そもそもがんとは何かを改めて捉えなおす必要がある。がんとは、「増殖を止めなくなってしまった細胞の塊」のことである。この塊を腫瘍（tumor）と名付けたのはドイツの医学者ルドルフ・フィルヒョウだが、以前からの別の呼び方も併用した。それはネオプラズマ neoplasma すなわち「新生物」である。プラズマ plasma には細胞などの「原形質」、あるいは「血漿（けっしょう）」などの意味のほか、ラテン語では「（神の）被造物」という意味もある。がんを「悪性新生物」と呼ぶのはここから来ている。何らかの理由で増殖が止まらなくなってしまい、それが血液などを通して全身に広がる可能性をもつのが「がん」である。胃がん、肺がん、乳がんなどいわゆる上皮組織に生じる悪性腫瘍をがんと呼び、白血病やリンパ腫や、骨や筋肉の悪性腫瘍を肉腫と呼び分けることもあるが、基本的な性質は同じである。

ではなぜ増殖を止めなくなってしまうのか。問い方を変えれば、増殖とはいつ行われるどの増殖のことなのか？　それは、例えば生まれたばかりの赤ん坊に当てはまる。ヒトの新生児は半年で体重を3倍にすることがある。この〝増大〟を支えているのが急激な細胞の増殖であり、それを実行している分子的な実体が、がん遺伝子なのである。正確には、増殖を適宜止められる「細胞がん遺伝子」（c-オンコジン：c は「細胞の」〔cellular〕から）である。これは正常な細胞の染色体内にある。さらに遡れば、個体発生の段階で欠かせない遺伝子である。

受精卵から発生が進む中でとくに胞胚期に細胞分裂が盛んであることは第1節で述べた。ここでさかんに発現して細胞を激しく分裂させているのが、細胞がん遺伝子なのである。がん遺伝子が存在するからこそ、私たちの発生は順調に進められ、形態形成を行い、いろいろな器官や組織をつくり、やがて個体ができると言うことができる。もちろん、ヒト以外の動物も同じである。

しかし、細胞は常に増殖しつづければよいというものではない。成人が半年で3倍の体重になったら大変なことである。発生や成長の過程で、あるところまで来ると、それ以上増殖する必要がなくなる。そのとき、細胞がん遺伝子の働きを止めるブレーキの役割を果たすもの——別の遺伝子——が必要になるのである。これが、がん抑制遺伝子であり、具体的にはRbやp53という名前で呼ばれる遺伝子である。

つまり、必要なときにはがん遺伝子が働いて細胞が増殖するが、その役割を終えると今度はがん抑制遺伝子が出てきて、がん遺伝子を〝眠らせる〟のである。どうやって眠らせるかについては次章で述べたい。眠らせる仕組みが働かなくなったとき、細胞がん遺伝子はいわば〝暴走〟状態に陥って、がん遺伝子として悪性の新生物を作り始めるのであり、私たちが健康診断などで発見できるようになるタイミングは、その新生物がある程度の大きさになってからということになる。

がん遺伝子という大変危険なものを抱え、一歩間違うと生命が脅かされてしまう反面、がん遺伝子がきちんと働いてくれるおかげで細胞が増殖し、私たちは全体として統一された個体になり、第4章で述べる「恒常性」も保たれている。がん遺伝子という、文字通り致命的な不安定化の要因を、内部に、しかもＤＮＡのレベルでしっかり組み込みながらも、それを調節する（具体的な仕組みは第5章で後述）がん抑制遺伝子を同時に備えることで、がん遺伝子の働く順序と期間を安定化し、バランスをとる仕組みが成り立っているのである。

こう考えてくると、なぜがんの治療が難しいのかが理解されてくる。がん遺伝子は私たちの生命を成り立たせている、遺伝子の活性化と制御の仕組みと不可分に結びついているからである。遺伝子の発現調節や分化、制御について、ヒトが理解できている部分はまだほんの少しである。これほどテクノロジーが進んでなぜがんを退治できないのかと疑問を抱く向きもあるだろう。乱暴に言ってしまえば、生体内のＤＮＡからがん遺伝子だけを取り出すことができないからであり、もしそれが可能になったとしたら私たちの体は形成されないし、各器官や組織の維持もできないのである。このような精妙なバランスを実現しているＤＮＡに直接介入してしまえば、体のどこにどのような影響が出るか、見当すらつかないからである。

ちなみに、ゾウやクジラなど超大型の動物はほとんどがんにならないと言われている。[*3] また、アフリカの砂漠の地中に住む齧歯類（ネズミの仲間）のハダカデバネズミでもがんは見つかっていない。[*4] がん遺伝子は動物に広く共通して存在するはずであるのに、なぜこれらの動物でがんが見つからないのか？　どうやら例えばゾウはヒトと比べてがん抑制遺伝子のｐ53を20倍ほど多く持っているらしく、これががんを防ぐ要因になっているらしい。ハダカデバネズミの寿命は平均して30年とも言われ、齧歯類では桁外れに長い。これは「きわめてがんになりにくい」ということがおそらく影響している。最近のiPS細胞研究では、ハダカデバネズミから作製したiPS細胞ががん抑制能力を高めるための機能をいくつか持っていることが明らかにされており、[*5]人間のがん予防や健康寿命の延長に役立つことが期待されている。

がん遺伝子は、遺伝子全体の中で、また個体という統一体の中で、他との関係において役割を与えられている。それを逸脱し、自分が仕えている「全体」の「言うことを聞かなくなった」とき、がん遺伝子は問題にされる。しかしそれはあくまで体の一部の、本来のはたらきなのである。

神経管と神経堤――脳神経系の働きを可能にしているもの

前節で胚の形態形成運動をひととおり見た。原腸胚期の意義の大きさについて述べたが、それに続く神経胚期にも、胚の中で細胞は動き回っている。中にはまるで意志をもったかのように動きまわる細胞もある。神経堤（てい）細胞と呼ばれるものがそれである。

原腸胚期に胚は3つの胚葉に分かれること、それぞれがその後多様な分化を見せることは前述した。外胚葉の分化予定については左のように述べた。

外胚葉　→　神経管、胚の表皮　→　脳・網膜・脊髄、表皮・水晶体

ここには入れなかったが、神経管に付随して外胚葉中に生じるものに神経堤がある。英語のneural crestの訳で「神経冠（かん）」とも呼ばれるが、日本語では「神経管」と発音上の区別がつかな

いため近年では「神経堤」と呼ぶことも多く（crestは「頂上」や「波頭」の意）、本書でもそれにならう。神経堤に着目すると分化予定は次のようになる。

- 外胚葉
  - 神経管 ― 中枢神経系（脳、脊髄）ほか
  - 神経堤
    - 顔面の骨・軟骨・骨格筋、クモ膜、耳小骨、下顎骨など
    - 色素細胞
    - 脊髄神経節、交感神経節、副交感神経節（腸管神経節）
    - 副腎髄質

いわゆる中枢神経系は神経管から生じるが、その他の神経系は神経堤に多くを負っている。神経堤という名前だが、顔面の骨や、メラニン色素をつくる色素細胞、副腎の一部までも形成するのである。このような多様性から、神経堤を、外胚葉・中胚葉・内胚葉に次ぐ「第四の胚葉」と呼ぶこともある。

原腸胚期、胚の背側が平らになって「神経板」と呼ばれるものができ、やがてその両側が盛り上がって溝（神経溝）を作る。そして溝の両側の縁がくっついて閉じ、管状の構造ができあがる。これが神経管である。と同時に、神経管のさらに背側、すなわち垂直方向で言えば「頂上」部分に形成されるのが神経堤である。

神経管の方は、片方が肥大化し、その部分が脳や眼になっていく。一方神経堤の細胞は、ここから胚じゅうに散らばっていく（図2―14）。そのルートは2つあって、1つは胚の表皮に沿っ

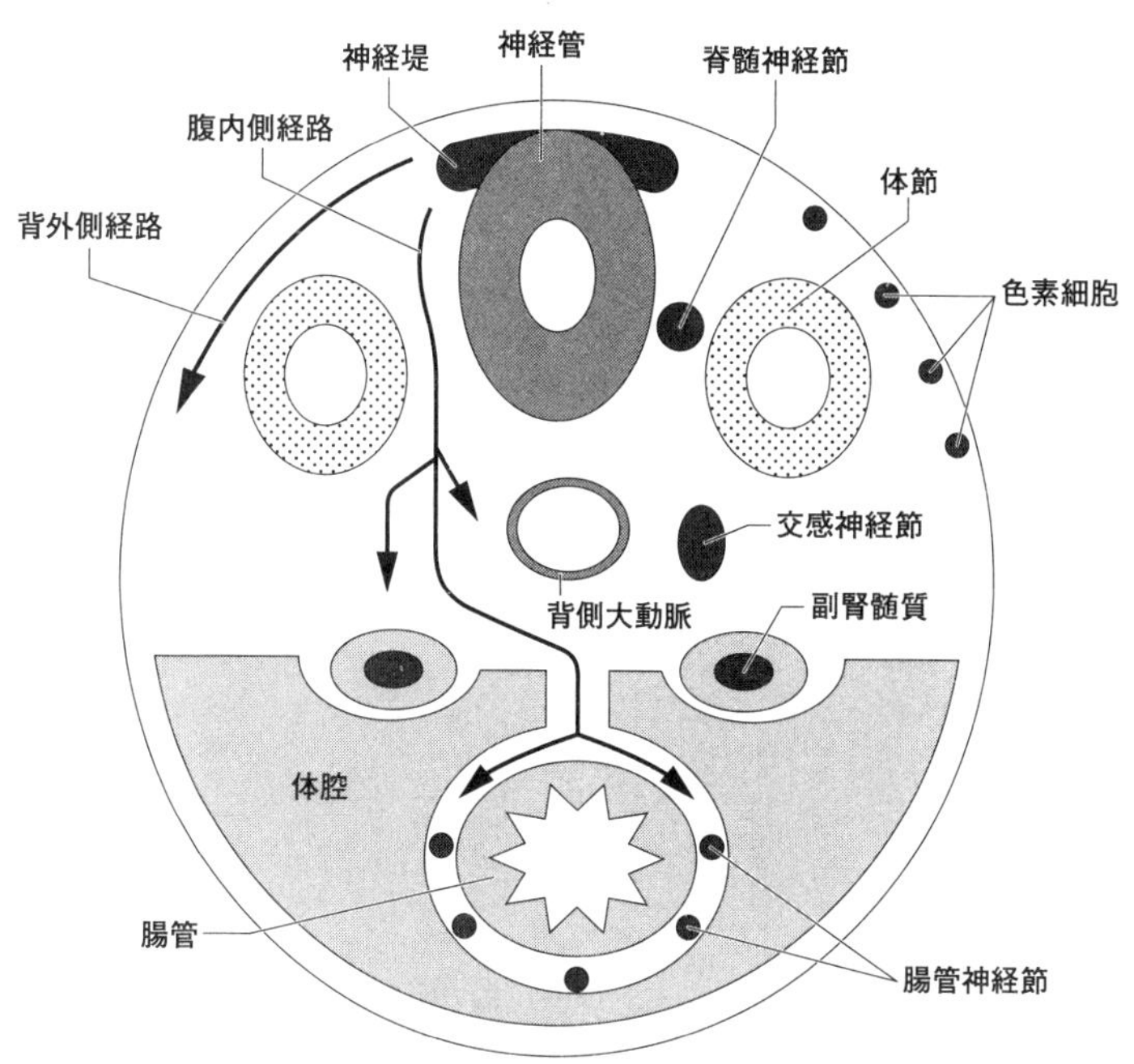

図2–14　神経堤細胞の遊走図

て腹側へと広がり、色素細胞などに分化する。もう1つは内側へもぐって交感神経節になったり、腸管付近にまで達して腸管神経節（副交感神経節の一種）になったり、副腎の髄質細胞や、図にはないが血管の平滑筋細胞を形成したりする。神経管近くにとどまる神経堤細胞もあって、これは脳細胞の一部になったり、顔面全体にわたる部域を構成したりするのである。

こうして神経堤の細胞は発生の進行にともなって胚の中へと、すなわち全身へと散らばるように移動していき、場所を得るとそこで分化を進めて行くのである。神経系に着目すれば、おおよそ、神経管が中枢神経系、神経堤細胞が末梢神経系をつくると考えていいだろう。

成体において、末梢神経系は中枢神経系から伸びている。常識的に考えれば、まず中枢神経系ができ、そこから枝が伸びて、例えば指先や腸管などに至ると想像されるだろうが、発生過程では中枢神経系の分化と並行して、神経堤細胞が全身に遊走を始める。表面を周り、内奥深くに潜り込んで、決まった場所に落ち着くとそこでそれぞれ神経の「芽」を作り始める。それらが分化を進めて徐々につながりあい、全体として統一されたネットワークを作っていく。中枢神経系から伸びていくよりも、考えようによってはかなり複雑なプロセスをたどるのである。

神経堤は、その分化能力にも焦点が当たっている。フランスの女性発生生物学者ニコル・ルドワランらはニワトリの胚にウズラの胚の細胞を移植し、また逆にウズラの胚にニワトリの胚を移植してキメラ胚をつくり、いずれもほぼ正常に発生させることに成功した。[*6] これは独特の実験手法となり、神経堤細胞の分化を調べるうえでも非常に役立った。これによって、発生過程にある神経堤細胞が分化多能性を持つこと、また遊走した先の組織内の環境に応じて違った細胞に分化しうること――「可塑（かそ）性」を持つこと――を示した。

この遊走・発生に異常を来すことがある。チャージ（ＣＨＡＲＧＥ）症候群[*7]は、網膜や虹彩の欠損、心疾患、発達障害、性腺機能低下などが見られる難病だが、近年この病気が神経堤細胞の遊走・発生の異常を原因とするのではないかという説が提出されている。

「遊走」と言っても自分勝手な意思をもって動いているわけではない。神経堤の細胞は、フィブロネクチンやラミニンという糖タンパク質によって導かれている。これらは「細胞外基質」と呼ばれ、線維芽細胞などで作られて、細胞の外で細胞と細胞を接着させる働きをしている。細胞外基質については第3章でも述べるが、ここで言いたいのは、細胞が移動するための足場となるということである。胚の中ではこれらが神経堤細胞の移動を助ける。一方、神経堤細胞の方は、細胞表面のインテグリン（後述）がフィブロネクチンに接着し、少しずつ接着場所をずらしながら移動する。[*8] 常時こうした相互作用が生じることによって、神経堤細胞の移動は安定化されているのである。さらにミクロなレベルでは、フィブロネクチンとインテグリンの接着面の構造（レセプターとリガンドの関係）が研究されているが、こうしたミクロなレベルでの分子的な作用こそ、細胞間相互作用の実体である。そして、神経堤による、一見非効率にも見える神経系の分化において、細胞間相互作用こそは、胚の全体を統一していこうとする強い力の現れである。こうした物理的な反応の上で発生プログラムは安定的に進んでいる。しかしここに大きな変化が起きると、例えばチャージ症候群につながるような異常が発生してしまうのである。

第3節　親から子へ、子から孫へ

卵と精子のでき方と生殖行動——卵はいつ生まれるか

哺乳類も「たまご」から生まれることは前述した。これは比喩などではなく、実際にヒトでさえ卵の時期を経験する。本章で述べてきた卵とは、一般に卵子と呼ばれるものである。

卵は卵巣で生まれる。動物の卵巣では、「始原生殖細胞」を起点にして細胞分裂が繰り返され、卵のもとになる細胞がたくさん生まれる（図2―15）。始原生殖細胞が分裂して2つの「卵原細胞」になり、さらに分裂が繰り返されて、卵原細胞はじつに数百万個という数にまで増えていく。

この段階での分裂は体細胞分裂といい、前節のイモリの再生実験のところで述べたが、のちに起きる「減数分裂」とは決定的な違いがある。体性幹細胞の不等分裂ではなく、1つの細胞がまったく同等の2つに分かれ、それぞれがまたまったく同等の2つに分かれるというタイプの分裂である。

驚くべきは、ヒトではこの卵のもとをつくる作業が、出生よりも前に起きているということであり、また、出生後はもう起きないということである。女性は出生前、まだ母親の胎内にいるあいだに、将来の卵のもとになる細胞を、すべて作り終えてしまっているのである。胎生期とはこ

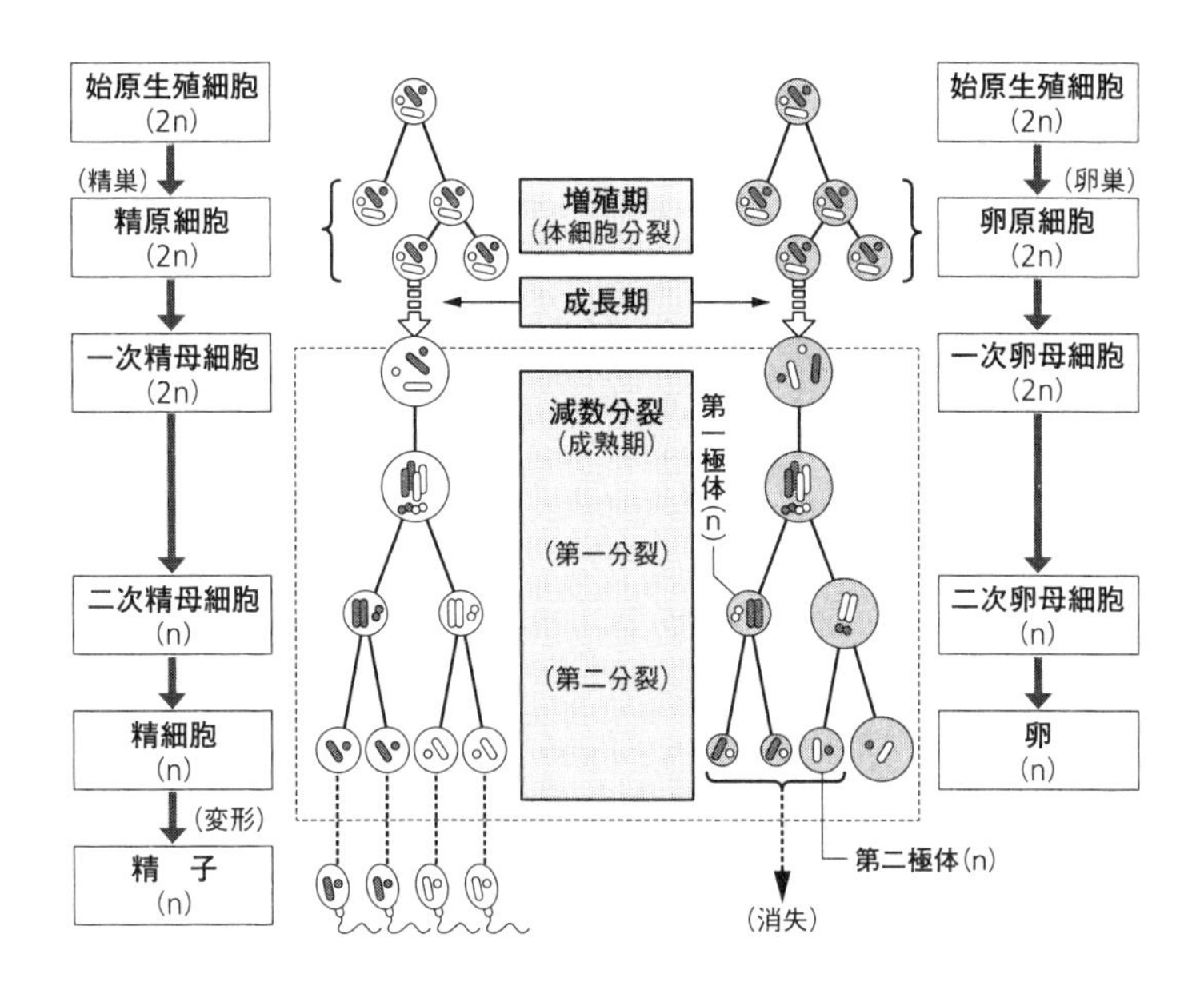

図 2–15　生殖細胞の増殖と減数分裂

のような重要なはたらきが精妙にダイナミックに生じている時期であり、このはたらきが安定しているか否かは、生き物にとって致命的に重要である。

卵原細胞のもとになる始原生殖細胞が胎児の胎内に宿るのは、もちろんそれよりさらに前になる。ヒトでは受精後3週目で胚の中に現れる。そこから盛んに分裂を繰り返し、卵原細胞となり、一部は吸収されるなどしながら、一次卵母細胞を200万個ほど抱えた状態で女児は生まれる。そして分裂（体細胞分裂）は中止し、十数年間の休止状態に入る。その後いわゆる思春期までに、一次卵母細胞の数は約40万にまで減っていくと考えられている。

卵母細胞は栄養を蓄積し、分裂を止

めたあとも成熟して、その後卵になるまでに減数分裂を経験する。

減数分裂やそれに伴う遺伝は、高校生が生物の授業で学習につまづくことが多いと言われる。確かに素朴な実感だけを頼りにしていては機構の解明についていけないところがある。ポイントを絞りつつ、必要なことだけを述べておこう。

染色体の数

減数分裂の「減数」とは、染色体の「数が減る」ことである。なぜ減るのか。それを知るためには、染色体の数について基本的なことを知っておかねばならない。

教科書や概説書では簡略化のために通常、染色体を1種から数種しか示さないため、染色体の全体像について、例えば全部で何種類あり何本あるのかということを誰もがすぐにイメージできるわけではないだろう。実際は、ヒトであれば図2―16[*9]のように、X字を押しつぶしたような形の染色体が2本で1セットとなって、全部で23セットある。このうち同じ数字を割り振られた2本は、そのうち1本が卵つまり母親から来たもの、もう1本が精子つまり父親から来たものである。たがいにおおよそ同じ構造であるため、これら2本の関係を、相同染色体であると表現する。

23番目については、X（X染色体）とY（Y染色体）の組合せで1セットである場合（男性）と、両方ともX染色体であってY染色体を持たない場合（女性）がある。つまりヒトの性別は23

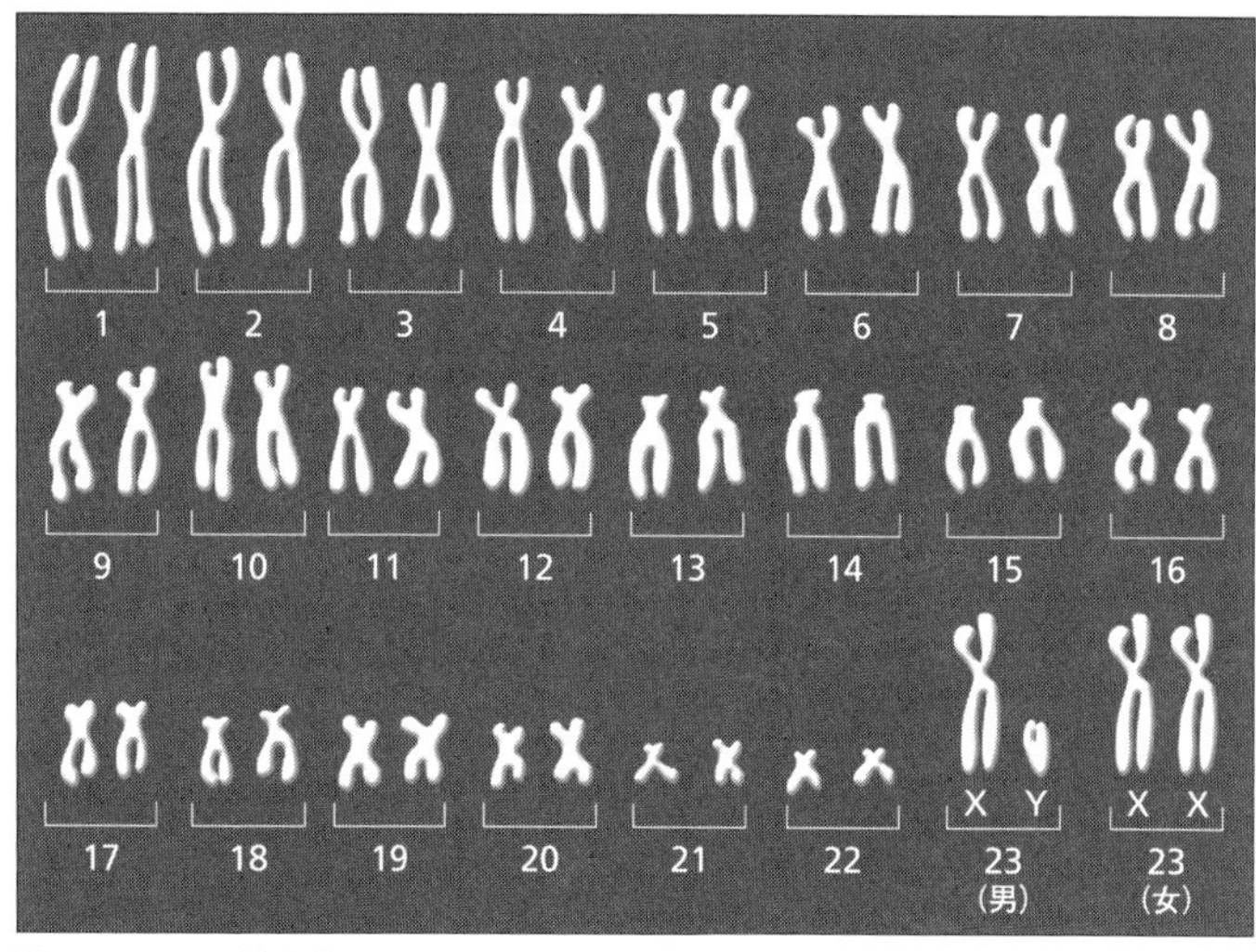

図2–16　ヒト染色体

番目の組合せがどちらであるかによって決まるのである。

ヒトという種の染色体は23セット（23種）であるが、例えばネコは19セット、イヌは39セット、コイは50セット、ショウジョウバエは4セット、キュウリは7セットと決まっている。生物学ではこの、種ごとに決まった数をnで表して、違う生き物の間でも同じ仕組みが起きることを説明したりする。例えば染色体の数はヒトの場合23×2＝46本、ネコなら19×2＝38本だが、どちらも$n \times 2 = 2n$で表すことができるのである。

さて、減数分裂である。前述の体細胞分裂と比べてみよう。

体細胞分裂では、分裂期（M期）に入ると、$2n$（46本）の染色体が複製されて倍になる。そして$2n$ずつ振り分けられて、2つの細胞ができる。分裂の前後で細胞内の染色体数は変化しないのが体細胞分裂である。

これに対して減数分裂は、染色体の数が減って半分になってしまう。具体的には、M期に入っても染色体の数は2nのままで複製は起きない。そうして分裂するため、分裂後の細胞内では染色体がn（23本）に減ってしまう。これが減数分裂である。

減るのには理由がある。もし卵も精子も、染色体数が親の体細胞と同じ2nのままだとすると、卵と精子が融合した受精卵の中では染色体が4nになってしまい、染色体上のDNAに基づいてタンパク質が作られてしまえば、これは親とまったく違った生き物になってしまう（そもそも形態形成をしないだろう）。そのようなことが起こらないように、卵や精子ではあらかじめ、遺伝情報としての染色体数が半分のnに減らされるのである。

一次卵母細胞は2回続けて分裂する（前掲図2―15）。このうち1回目の分裂に際しては体細胞分裂と同様に染色体が複製されて倍加し、二次卵母細胞ができる。これがさらに分裂するが、この2回目の分裂では染色体の複製が起きないため、ここで染色体数は半分のn（23）になる。こうして卵が生まれるのである。

なお精子の方も基本的には同様のプロセスで形成される。始原生殖細胞が精原細胞になり、それが一次精母細胞になる。二次精母細胞になり、それが精細胞になる過程が減数分裂である。これらは主として精巣で行われる。ただし精子の形成は思春期以後に起こること、そして原則的にはそれ以後一生続くということが卵と違う点である。

生殖細胞の役割——永続するものは何か

精子も卵も、おおもととなる始原生殖細胞は胚発生のかなり初期に、胚盤葉上層と呼ばれる部分で生じるのが特徴である（ヒトなど）。このことは、将来生殖細胞になるものと将来体細胞になるものとは、胚発生のかなり初期から分かれているということである。実際、生殖細胞と体細胞の細胞質は異なっている。

生殖細胞は子孫を残す上で不可欠である。生殖細胞の視点に立ってみよう。精子は卵と、卵は精子と出会うことで受精卵となり、すぐに始まる胚発生のごく初期で、もう次世代の生殖細胞を何百万個も作り出す。ヒトなら、十数年ののち「排卵」として1つずつ出て行き、うまく行けばそのうち1個が受精卵となってまた同じサイクルを繰り返す。これを生活環（ライフサイクル life cycle）と呼ぶ。

生殖細胞の生活環を中心に見るなら、エドワード・ウィルソンやリチャード・ドーキンスが述べているように、体細胞および生体は、生殖細胞の〝乗り物〟に過ぎないと言えるかもしれない。体細胞や、それによって構成される生体は、受精に至るまで生殖細胞を守り、生殖行動をとることを物理的に可能にする役割のみを負っている、と見ることも可能だからである。見かけ上の生物の体のほとんどは体細胞でできているが、生物の持続という点から見ると、生殖細胞を維持するための細胞が体細胞だという見方がありうる。

発生過程で見ても、胚盤葉上層に始原生殖細胞ができ、それが親から子、子から孫へと伝わっていくのに対し、同じ胚の中でも猛烈に分裂し増殖して40兆個にまで発展する体細胞そのものは、子孫へはまったく受け継がれていかないのである。生殖細胞はそうした意味でも特別な細胞なのである。

生殖行動の意味——種の確立

自然状態では、オスとメスの生殖行動を通して、卵と精子は合体する。この合体が成り立つのは種が同じだからである。逆に言えば、この合体が成り立つ範囲を、種と呼んでいる。この定義はドイツ出身の生物学者エルンスト・マイヤーで、彼によれば「種とは互いに交配しうる自然集団で、それは他のそのような集団から生殖の面で隔離されている」。かつて伝統的に種はあくまで外部形態の類似と相違に基づいて決められており、そのために考え方の違いのせいで種の定義が一致しない場合が少なくなかった。しかしマイヤーの定義はこの曖昧さをほぼ払拭した。これを「生物学的種概念」と呼ぶことがある。

種が違えば子孫を残せないというのは、ヒトと、ヒトの最も近縁の種であるチンパンジーとの雑種があり得ないことからも、当然に思えるかもしれない。では、ラバとは何か？　ロバとウマの雑種であり、れっきとした生き物である。ロバとウマは「種が違っても子は残せる」のである。ちなみにラバの父親はロバであり、母親はウマである。では、オスのウマとメスのロバは交雑できるか？　できるのである。その子はケッテイと言う。知名度がラバに劣るのは、ラバより生まれにくいからである。そして、ラバとラバ、ケッテイとケッテイを掛け合わせても子は生まれない。このように、子孫を残せない「雑種」は、種ではない。ロバとウマは「種が違っても子は残せる」が、「子は子を残せない」。つまり、ロバとウマは、やはり子孫を継続して残せないという意味で違う種であることに変更はない。マイヤーの定義はラバとケッテイの実例に対しても有効である。

では、ブタとイノシシはどうか。これも掛け合わせるとイノブタという子ができる。そして、イノブタとイノブタを掛け合わせると、イノブタの子が生まれるのである。このことから、ブタとイノシシは形態が違うが、同種であるとみなすのである。イヌとオオカミも同様である。ブタはイノシシを、イヌはオオカミを、それぞれ家畜化したものであることを考えれば理解しやすいかもしれない。ちなみにイヌはチワワからグレート・デンまで大きさも形も大きく異なるが、原理的には交配が継代して可能である。品種としての大きな違いは、オオカミとの違いと同じく、遺伝的「多型」（多様性）の幅に過ぎない。テントウムシの翅（はね）の紋様（もんよう）が同じ種内でも大きく異なるのと同様である。

これらはすべて有性生殖を行う生き物に関してのみ有効な基準であり、無性生殖の生き物には

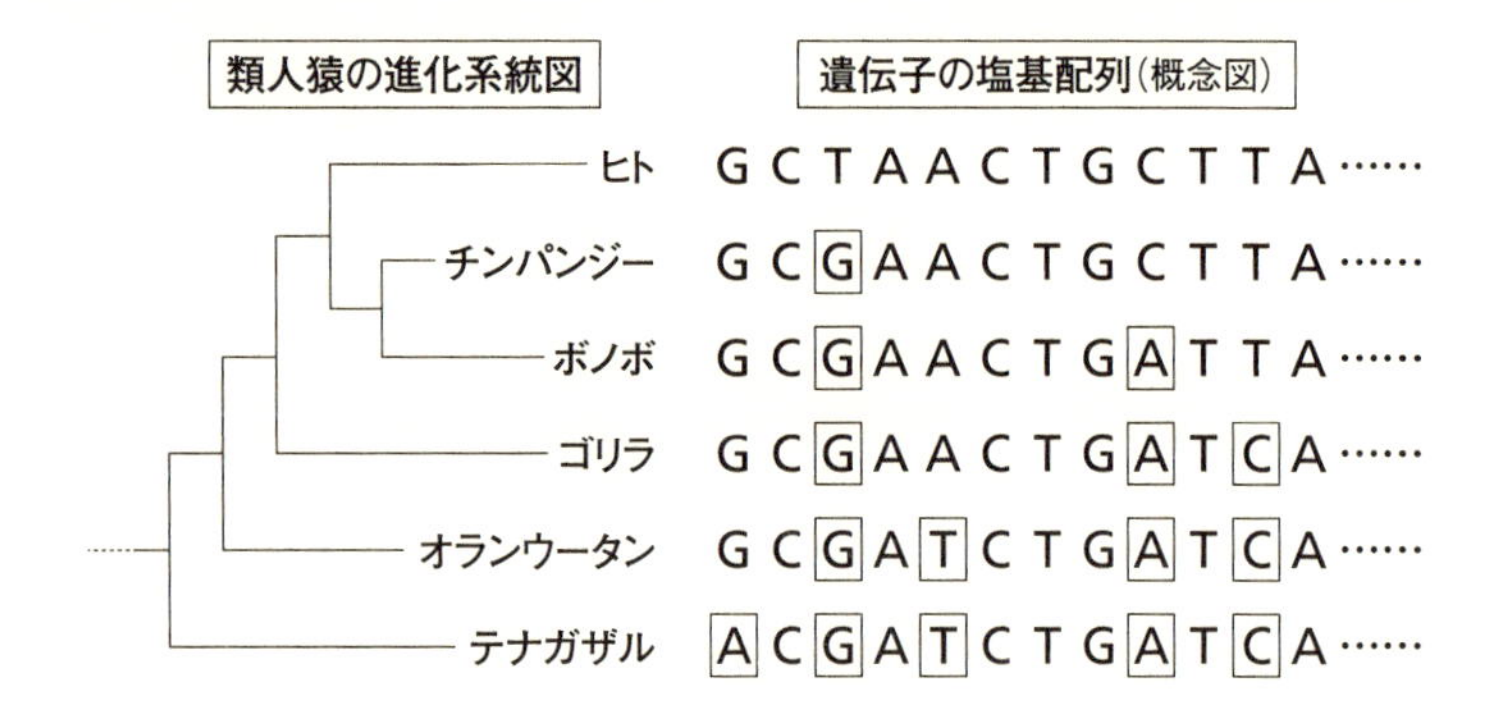

図 2–17　類人猿の進化系統図とゲノムの塩基配列の違い

適用できない。しかしこの、代々生殖力を持ち続けることができないこと——生殖的隔離——をもって種を判断するマイヤーの定義は「白黒をはっきりつける」ことのできる基準である。

ほかにもヒョウとライオンの雑種レオポン（子孫を残せない）などがあるが、そもそも、異種同士の交配は決して容易ではない。その理由は染色体にある。染色体の構造に似た部分があれば、異種でもいったんは交配（とくに交雑という）できる。しかしそれ以降が続かない。

染色体の構造が似ているということは、進化史上、分岐してから比較的短い時間しか経っていないということでもある。例えば類人猿中もっとも近縁であるヒトとチンパンジー（ゲノムの一致率が98・7％）でも、進化の系統樹上で分岐したのは700万年前から800万年前と考えられている（図2—17）。図の塩基配列はあくまで模式図だが、ヒトにとっては塩基配列の違いが少なければ少ないほど近縁ということになる。

これに対してロバとウマの分岐は約400万年前、ライオンとヒョウの分岐は約300万年前と推定されている。あくまで相対的な時間の差だが、これが一回目の交雑の成否を分けると考えられる。つまり分岐から日が浅いほど遺伝子の構造的な変異の蓄積が少ないことになり、交配の可能性が上がるのである。そのために精子と卵が合体したあと、互いの n 個の染色体を組み合わせて $2n$ とし、発生できる可能性が大きくなるのである。種はこのような仕組みによって厳密に確立されている。種の安定性を守る仕組みである。

種の確立において、生殖行動がとられる時期も重要である。ヒト、ネズミ類、ウサギ類以外の動物は、1年のうち特定の時期しか繁殖できない。これは、幼生時には食糧が多く必要なため、例えば食糧豊富な春の時期に育ちざかりを迎えられるよう、その少し前に生まれるタイミングで生殖行動を行うからである。もちろん動物たちがそれを計算しているわけはなく、そうした周期を身につけた個体あるいは集団が生き残ったということである。自然界で動物がどのように互いを同種と見分けているのかはまだ分からないことの方が多い。目視、なんらかのフェロモンなどのほか、生殖行動のわずかな違いも相手の識別に決定的な影響を与えるだろう。

こうした違いと、右に見てきたような、生殖細胞の精子と卵が互いに同種か異種か見分ける仕組みが組み合わさって、種は安定的に維持されているのである。

獲得形質の遺伝――エピジェネティクスとは何か

「進化」は19世紀、まだ新しい考え方であった。チャールズ・ダーウィンの『種の起原』がその最初と思われがちだがそうではなく、彼は自分に先立つ進化説の提唱者たちの動きを横目で見つつ、22歳の航海時に得た知識のノートをもとに、50歳を迎えて著作として発表した。これが『種の起原』である。ダーウィンは「進化説の最初の提唱者」ではなかったが、「自然選択説の主要な提唱者」であった。

これに先立つ論争の中で、なぜある形態の生き物が生き残るのかについて、フランスの博物学者ジャン＝バティスト・ラマルクによる「用・不用」説と「獲得形質の遺伝」説が説得力を持っていた。生物が日常的によく使う器官は発達し、そうでない器官は退化する。そうして一代で生じた変化は次の世代に受け継がれていく――つまり生後に獲得された「形質」（形態的な特徴のこと）は、親から子へ遺伝するという考え方である。しかしこれを裏付ける証拠は得られず、用・不用説は、自然選択説に取って代わられた。要因はともかく次の3つの条件が揃えば、自然選択による進化が進むとする。

①生き物の集団の中に変異があること
②その変異・差異に応じて、生存率、繁殖率に違いが出ること
③その変異が遺伝すること。

たとえばエダシャクというガの仲間がいて、ある一群において、体の色の茶色いものが3割、白いものが7割だったとしよう（①）。これを第一世代とする。茶色の個体は白の個体より目立たないせいで鳥などに食べられにくいため、結果として白い個体より生き残る数が多くなり、繁殖も進んで、第二世代では茶色いものと白いものが半々になった（②）。そして第三世代になると茶と白の割合は最初と逆転して茶色7割と白3割となった（③）。これが成り立てば自然選択ということになる。今も基本的にこの考え方は覆されていない。

この考え方の前提には、遺伝する形質は生後に獲得されたものではないということがあった。「獲得形質は遺伝しない」が長らく常識だったのだ。

それを証するものとして、ネズミの尾を600代にわたって切り落とし続けるという実験がある。実際、ネズミの尾の長さは何代経ても変化しなかった。つまり獲得された形質が遺伝しないと結論づけられた。

今日の視点から見ると、これは当然である。生殖細胞に関係しない生体（体細胞）への改変だからである。これに対して、生殖細胞へ改変を加えると、遺伝するであろうと予想されている。

第1章で述べたように、遺伝子の解明が進むにつれて、ある世代において先天的であるDNAの塩基配列は変わらないが、後天的に環境から与えられた特徴（すなわち獲得形質）が遺伝してしまう例が見つかるようになった。その条件は、生殖細胞のDNAやヒストンタンパク質に化学的変化が加えられることである。

具体的には、DNAのメチル化や、ヒストンタンパク質のアセチル化である。前出箇所では、DNAに変化を引き起こさない範囲のものについて述べたが、ここでは生殖細胞に変化を引き起こすケースについて述べている。生殖細胞におけるDNAのメチル化は、細胞核内のDNAのC（シトシン）とG（グアニン）が並んでいるところのCにメチル基が付くことである。こうなると、該当の一代で獲得した形質は次の世代に受け継がれるようになる。このような領域の研究をエピジェネティクスepigeneticsと呼び、いま非常に盛んな分野である。

かつて親から子へ、子から孫へという形質の遺伝はあくまで突然変異の範囲内であり、連綿と安定して続いてきたものであった。また本章で述べてきたように、その流れを安定させようとする力には目を見張るものがあった。しかし現在、獲得形質の遺伝ということが認められるようになり、思わぬところで生体の遺伝子に影響を与えるケースが把握されるようになった。例えば最近の研究では、少なくとも十ショウジョウバエに高熱によるストレスを与えると、ヒストンの修飾が変化して、遺伝子発現や、虹彩の色など遺伝子の「表現型」に影響が出る。そして、それが子孫にまで伝わることが見出されている。[*10]

獲得形質の遺伝の中には、種の安定に貢献するものもある。しかし逆のケースもある。そして、不安定化の方に関心が向くのは、生き物として妥当なことであろうと筆者は考えている。

註

＊1　なお、次世代の個体をつくるのに性が関係しない生殖を無性生殖というが、カエルは基本的に有性生殖動物である。有性生殖動物か無性生殖動物かにかかわらず、受精を経ない発生プロセスをとくに「単為発生」と呼ぶ。「単体、あるいは単一の性が発生を為す」という意味による命名であると思われる。「人為」とは、バタイヨンのように人間が刺激を加えた事実を表している。

＊2　1970年代初めに増井禎夫の研究によって明らかになった頃は卵母細胞のみの現象と思われていたため、卵成熟促進因子（MPF：maturation promoting factor）と呼ばれたが、のちに体細胞すべてでこの現象が起きているらしいことが分かり、M期促進因子と呼び直された。このため略称の頭文字は変わらないままである。

＊3　http://www.nature.com/news/how-elephants-avoid-cancer-1.18534.

＊4　http://www.nature.com/news/blind-mole-rats-may-hold-key-to-cancer-1.11741.

＊5　http://www.jst.go.jp/pr/announce/20160510/.

＊6　http://dev.biologists.org/content/131/19/4637.long.

＊7　http://raredis.nibiohn.go.jp/links_Arc/Change/about.html.

＊8　Lallier T., Bronner-Fraser M., “Inhibition of neural crest cell attachment by integrin antisense oligonucleotides,” *Science*, 259(5095), 1993, pp.692-695.

＊9　Clark, D. P., *Molecular biology*, Elsevier Academic Press, 2005の図をもとに作成。

＊10　Seong K. H., Li D., Shimizu H., Nakamura R., Ishii S., “Inheritance of Stress-Induced, ATF-2-Dependent Epigenetic Change”, *Cell*, 145(7), 2011, pp.1049-1061.

第3章 細胞間の相互作用——ネットワークづくりとコミュニケーションの力

第1節 細胞の基礎知識

細胞という基本単位

「成人の体は40兆個の細胞でできている」と言うとき、私たちはとくに疑問もなく「細胞」を基本単位と考えている。ロバート・フックがコルクガシの観察によって細胞を「発見」したのは350年前のことだった。[*1] しかしこの細胞が、すべての生き物の体を構成する基本単位であるということが「常識」になったのは150年ほど前である。この「細胞説」を最初に主張したのはドイツの動物学者テオドール・シュワンであったようだ。1839年、彼は、動物体が細胞を単

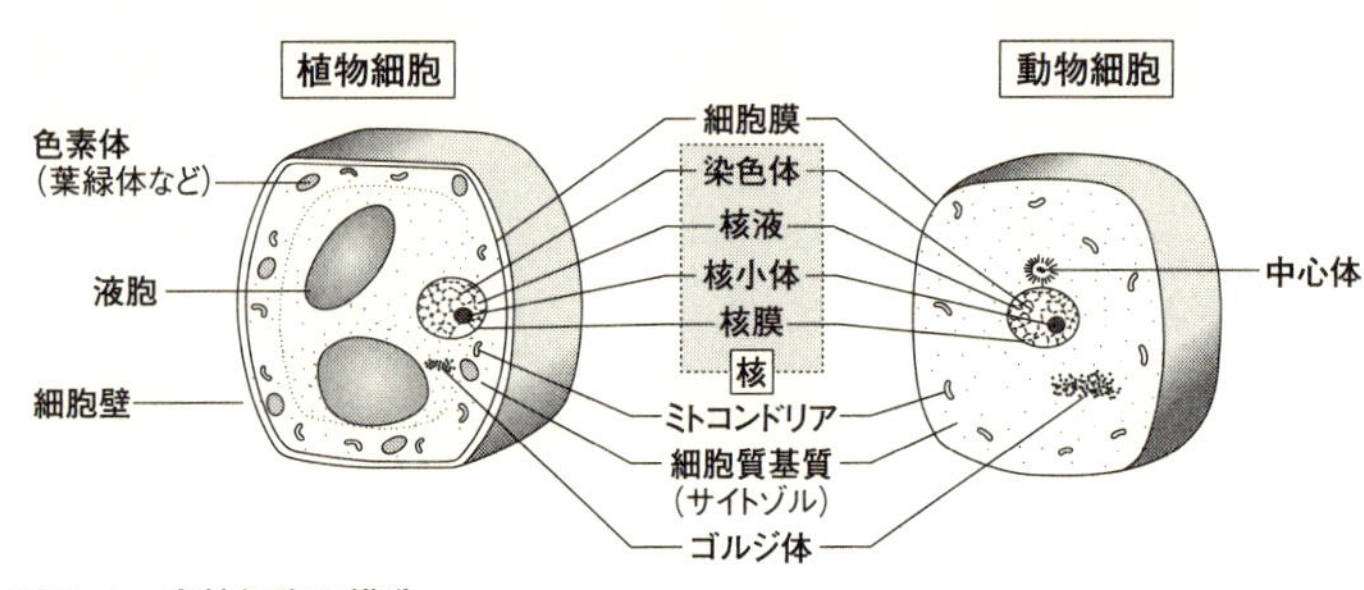

図 3–1　真核細胞の構造

位にしていることを提唱したが、これは前年、彼の友人で植物学者のマティアス・シュライデンが、植物体が細胞を単位にしていると主張したことに示唆を得たものだった。

細胞説は徐々に受け入れられた。次なる疑問は、その細胞がどこから生まれて来るのかということだった。これに答えたのが、前出のフィルヒョウだった。彼はシュワンの主張からおよそ20年後、「すべての細胞は細胞から生まれる」と主張したことで知られる。すなわち、体のどこかに細胞を送り出すような器官があるのではなく、細胞が細胞自身の働きによって新しい細胞を生み出すと主張したのである。これは正しかった。

生体の最小単位は細胞であり、その細胞は細胞自身によって生み出されている。単細胞生物は細胞自身が全身の構造そのものであるが、多細胞生物においては、細胞のみならず膠原線維(こうげん)や骨など、周りの構造物に囲まれており、「生体には細胞しか存在しない」わけではないが、少なくとも基本的な単位であるという事実に変わりはない。

多細胞生物も、最初はたった1個の細胞(卵)である。これが受精することで細胞分裂が始まり、ヒトであれば40兆というオーダーにまで増えてきたのである。

細胞の基本的な構造を確認しておこう（図3―1）。これは生物のうち一般に植物、動物、菌類、原生生物（アメーバ、ゾウリムシ、ミドリムシ、粘菌など）と呼ばれるものの細胞の模式図である。これらを「真核生物」と言い、その細胞を真核細胞と言う。核があって、葉緑体があって、ミトコンドリアがいて……という説明はよく目にするだろう。葉緑体や細胞壁は植物特有だが、それ以外は基本的に共通の構造である。*2

これに対して、図3―2は細菌（バクテリア）と古細菌（アーキア）など「原核生物」と呼ばれる生物の細胞である。真核細胞と比べるとごくシンプルだが、両者に共通して重要なのが、遺伝物質としての染色体と、それを包み込む細胞質と、細胞膜である。

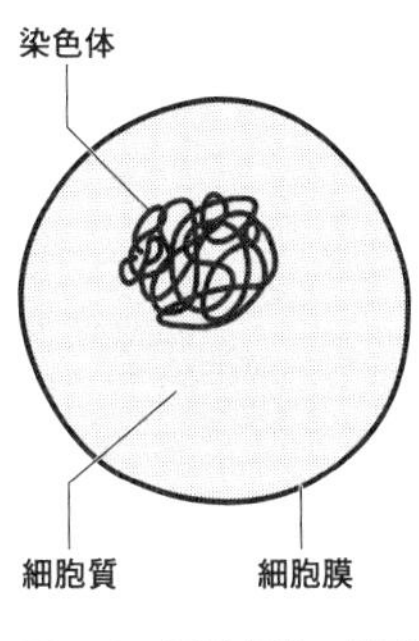

図 3–2　原核細胞の構造

これまで様々な角度からDNAについて述べてきた。DNAが〝猛烈に〟折りたたまれた集積体である染色体が重要であることはもう明らかだろう。では、細胞膜が重視されるのはなぜか。これについては少しあとで述べることにしたい。

200種類の細胞はどのように生まれるか

ヒトで言えば、全身を構成する40兆個の細胞の働きは、おおよそ200種類に分類できる。人体を構成する細胞が約200種類あるということだ。しかしこれは、考えてみれば不思議なことではないだろうか？

最初1個の卵であった細胞が40兆個に増殖するまで、DNAは「複製」されてきた。つまり、40兆個の細胞の細胞核の中にはすべて同じ塩基配列のDNAが含まれていることになる。

これは、40兆個の細胞が同じ遺伝子を持っていることを表す。遺伝子とは、DNAを転写し、しかるのちにタンパク質をつくる（翻訳する）働きを持つ、DNAの一部分のことであった。DNAを引き写すなら、なぜ40兆個の細胞は同一のものにならないのか？　これが疑問となる。

この疑問を解明するのがエピジェネティクスである。イギリスのコンラッド・ワディントンが1942年にこの言葉を造ったと言われる。この言葉の指す領域は広く、近年ますます盛んになっている研究領域だが、ひとまずは「エピゲノムにまつわる研究分野」と定義できる。本書では第1章でエピゲノムという言葉を紹介した。「DNAの塩基配列（ゲノム）に変異がないのに、変更される遺伝情報」のことである。もっと説明すれば、「DNA本体の塩基配列が確定しているのに、メチル基などDNA本体でない分子によって変更される遺伝情報およびそのはたらき全般を指す言葉」となるだろうか。エピジェネティクスはこうした、「DNAだけを原因とするの

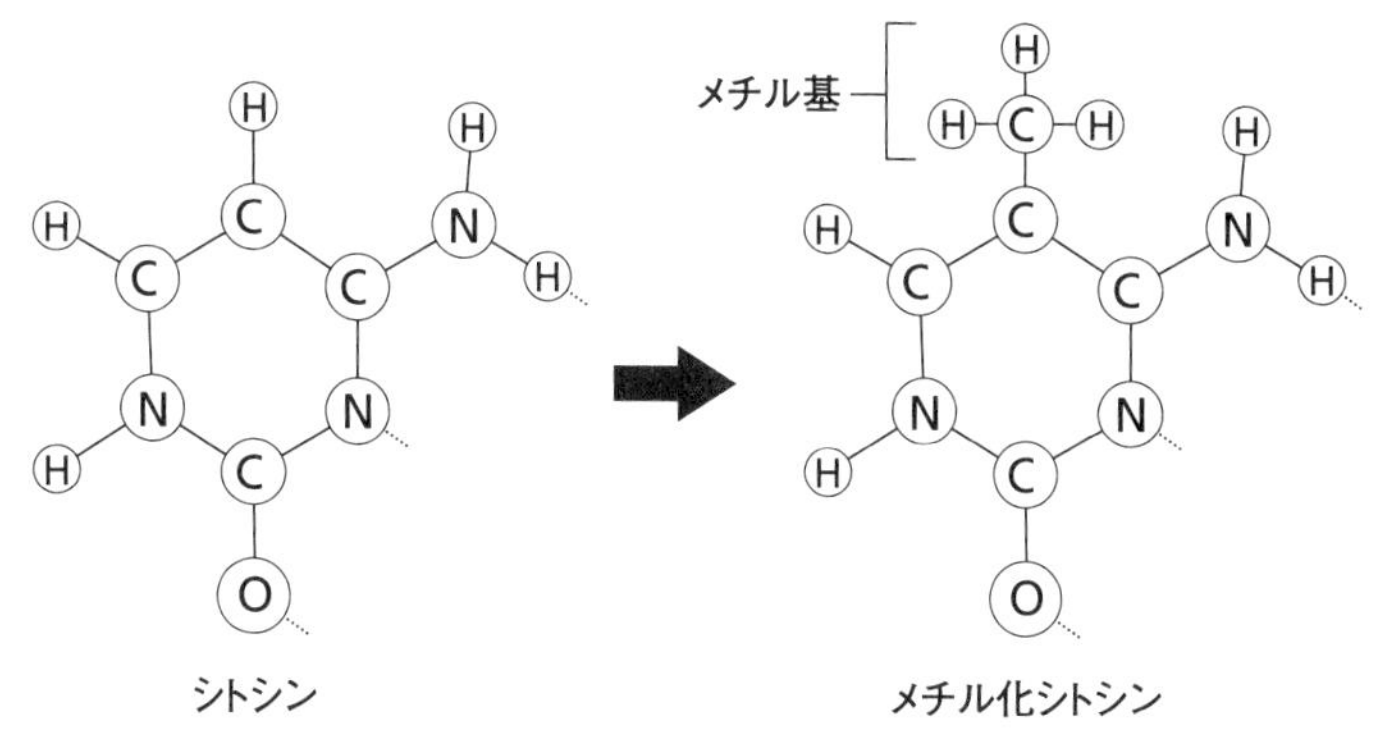

図 3–3　シトシンのメチル化

ではない遺伝」についての研究分野である。

エピジェネティクスは近年とくにがんや生活習慣病との関連で取り沙汰されることが増えている。そこで何か危険なものという印象を持たれているかもしれないが、エピジェネティックな（DNAに起因しない）働きは、実は細胞の「分化」に不可欠な仕組みなのである。ここではもっぱら細胞の分化に関わる範囲でエピジェネティクスを紹介しよう。

細胞が異なる構造と機能を持つのは分化を経たからである。分化以前の胚の細胞は、体のあらゆる部分になる可能性を持っているが、前章で見たように原腸胚の初期に外胚葉・中胚葉・内胚葉の3つに分かれ、これらが体じゅうの器官へと分化していく。

違う細胞になるには違うタンパク質の形成（遺伝子の発現）が必要である。そのためには違う遺伝子（の組み合わせ）が選ばれなければならない。この組み合わせを決める1つの機構がDNAのメチル化である。メチル化は、前章で述べたように、1本のDNA内でGと並んだCにメチル基（CH_3）が付くことである（図3―3）。シトシンの水素がメチル基に置き換わると、その部分を含む遺伝子は働かなくなるのである。このような仕組みによって、遺伝子の働きが「オン」になったり「オフ」になったりすることを、遺伝子発現の制御と言う。このように、塩基そのものは変異しないが、遺伝子としての働きは変更されるのである。

DNAのさまざまな箇所でメチル化が起きれば、そのパターンごとにオフになる遺伝子が決まる。同時にオンになる遺伝子も決まり、メチル化のパターンごとに違うタンパク質が合成されるようになる。こうして200種類もの異なる細胞が出来上がってくるのである。

エピジェネティックな遺伝子の制御は、生体を作り上げ維持するために常時働いていなければならない不可欠な仕組みである。しかしその一方、同じ働きによって生体は回復不能な損傷をこうむることがある。こうした構造に着目すると、がん関連遺伝子のもつ意味に似ている部分があることが分かる。細胞を増殖させるうえで不可欠なSrc（サーク）やMyc（ミック）などがん原遺伝子は、のちにp53などがん抑制遺伝子によって「眠らされる」が、何かの拍子で抑制が解除され「目を覚まして」しまうと、再び際限のない増殖の指令を出し始める。そして「増殖を止めなくなってしまった細胞の塊」すなわち「がん」を作ってしまうのである。分化におけるエピジェネティックな遺伝子制御は、生き物の体を作り上げる安定的なプログラムとしての性質と、生体にとって潜在的な不安定化の性質を併せ持っているのである。

ミトコンドリアはどこから来たか

動物の体の仕組みを探究するうえで最も直接的で古い方法は、実際に組織から細胞を採取して観察することである。18世紀以降、顕微鏡の性能が向上するにつれて観察できる範囲は拡大し、細胞が生き物の体の最小単位として注目を集めるようになった。観察は、さらに細胞の中の微細な構造の解明を目的とするようになる。

そこで明らかになってきたのが、細胞内の小器官であった。植物には葉緑体があり、ここで炭酸同化作用（いわゆる光合成）を行うことが分かった。また植物に特有の細胞壁は、植物体が骨格を持たないまま体を支えるうえで重要な役割を果たしている。[*3] ここではあえてその他の、動植物共通の3つの器官を取り上げ、その動的な側面に着目しつつ、とくに重要なミトコンドリアを中心に述べてみたい。

まずミトコンドリアである。名前はよく知られているだろう。これは球状、または短い棒状の小器官で、酸素を使ってブドウ糖をエネルギーに変換する「電子伝達系」という回路がここに存在する。細胞内の小器官の中でミトコンドリアは特別である。細胞の中の1つの小器官にすぎないものが、なぜかそれ自身のＤＮＡ（ミトコンドリアＤＮＡ）を持っているからである。1個の細胞の中に2種もＤＮＡがあっては混乱するのではないだろうか？　１９６７年、それまでの分厚い研究蓄積をふまえつつこれを説明しようとしたのが、アメリカのボストン大学のリン・マーギュリスだった。

彼女の説は「細胞内共生説」と呼ばれた。何が共生するのか？　ミトコンドリア（と葉緑体）である。ミトコンドリアはもともと原核生物の細胞であり、これが動物細胞の中で、動物と共生しながら進化してきたのがミトコンドリアであって、ミトコンドリアDNAはその名残だというのである。実は、植物細胞だけが持つ葉緑体も、ミトコンドリアと同様、独自のDNAを持っている。細胞中、核以外でDNAを持つのはミトコンドリアと葉緑体だけである。マーギュリスは葉緑体もミトコンドリアのように共生してきたものだと考えた。図3—4はこの説をまとめたものである。*4 まず原核生物だけの世界があり（Ⓐ）、ミトコンドリア（と葉緑体）の祖先は原核生物のままだったが、動物や植物の祖先は真核生物への道、すなわち核を囲む核膜を持つ生物への道を歩み始めた（Ⓑ）。これを原始真核生物と呼ぶことができる。この頃、葉緑体の祖先は光合成を始め、地球上に酸素が大量に供給され始める。実はこれがⒷの原始真核生物には危機をもたらした。酸素は生体に有毒だからである。

マスコミで活性酸素という言葉を目にしたことがあるだろう。第5章で述べるように、活性酸素が老化を引き起こすというような単純なストーリーは受け入れられないが、酸素が生体内でDNAや細胞を「酸化」させ、本来の働きを阻害してしまう可能性を持つことは確かである。おそらくここで、酸素の増加に対応できなかった原始真核生物は死に絶えるか、酸素の少ない場所へ逃げ込むしかなかっただろう。そこで原核生物のうちのある一群は、酸素を用いてエネルギーを造る（酸素呼吸する）能力を身に着けた。この生物が原始真核生物の内部に取り込まれて（Ⓒ）、現在の真核生物の細胞と似た構造に達した。するとⒸの真核生物は、有毒である酸素を無害化してくれて、かつ大きなエネルギーを産生してくれるミトコンドリアのおかげで進化の幅を広げて

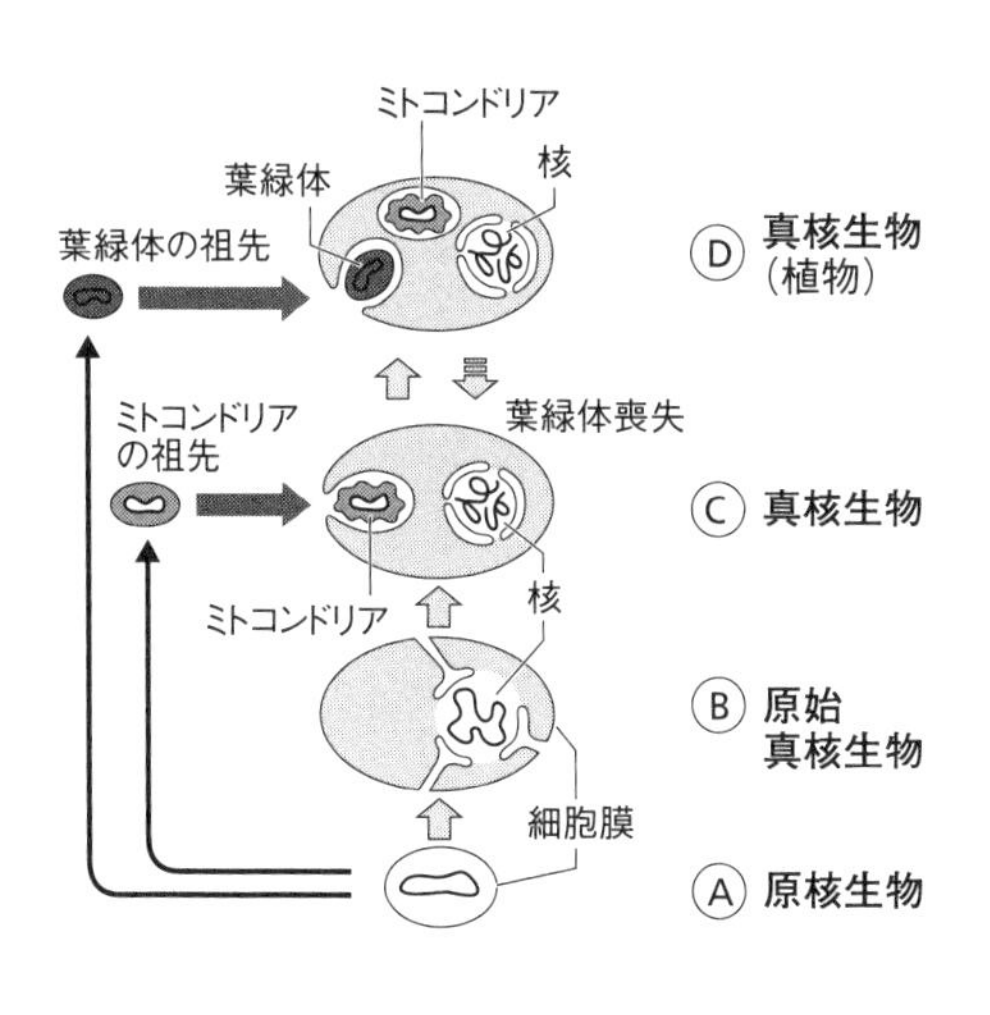

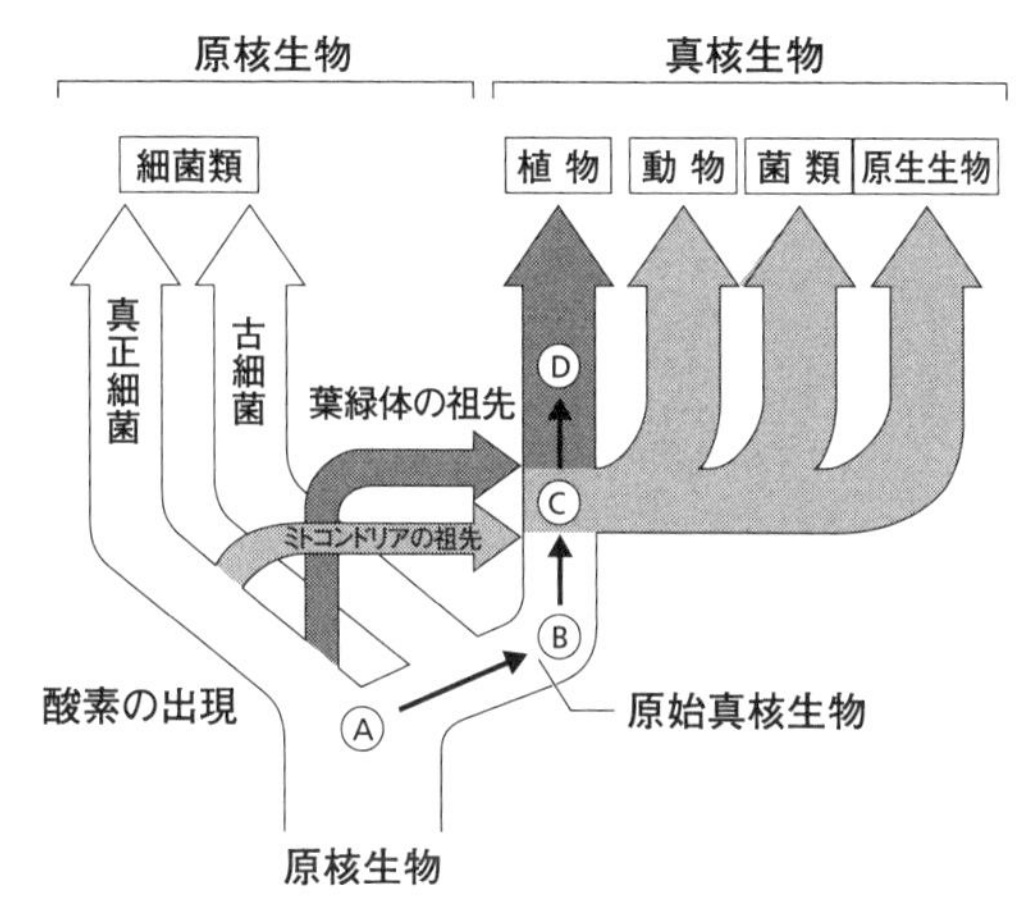

図 3–4　細胞内共生説に基づくミトコンドリア進化のシナリオ（林純一『ミトコンドリア・ミステリー』p.27 をもとに作成）

いった。さらに、植物の祖先は、葉緑体をミトコンドリアと同様に取り込んだ（Ⓓ）。こうして真核生物は、酸素をつかってエネルギーを生み出す仕組み（動物と植物）、二酸化炭素をつかってエネルギーのもととなる物質を合成する仕組み（植物のみ）を獲得し、いまの繁栄に至る。

これこそ、酸素と二酸化炭素の循環が全体として巧妙なシステムを成すに至った経緯である。植物の中のミトコンドリアが、酸素を取り入れ二酸化炭素を出す。同じく植物の中にある葉緑体が、二酸化炭素を取り込み酸素を出す。動物はミトコンドリアだけなので、酸素を取り入れ二酸化炭素を出すのみである。呼吸と光合成が見事につり合うこうしたシステムは、始原真核生物とミトコンドリア（あるいは葉緑体）の祖先が戦った結果、共生という状態に落ち着いたのである。一方の安定化はもう一方の不安定化をもたらす。しかし全体としては均衡を実現している。これが生物の歩んできた道である。

構造を見てみよう（図3—5）。図を見て、bなら分かるがaは何の絵か分からないと思う人は多いかもしれない。筑波大学の林純一氏らが明らかにしたミトコンドリアの実像はaに近い。教科書などでbを見慣れた人にはなかなか理解されにくいが、aに見える管状のものを切断すると、bのような断面が見えるのである。大きさは直径が1ミクロン（1ミリの1000分の1）程度である。なおaの黒い塊は細胞核で、それを網状に取り巻くのがネットワーク状のミトコンドリアである。こうしてミトコンドリアは細胞内にめまぐるしくエネルギーを運んでいる。

bの断面を見ると、膜は外膜と内膜の2種あり、内膜は内部へくびれ込んでクリステと呼ばれ

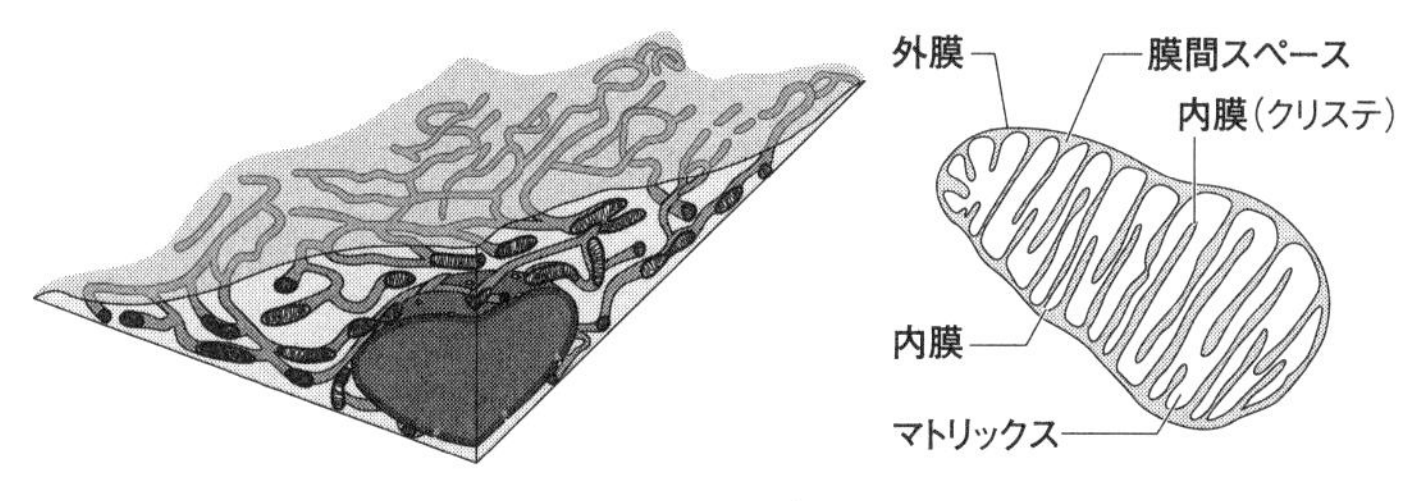

図3–5　ミトコンドリアのイメージ（林純一『ミトコンドリア・ミステリー』p.18をもとに作成）

るひだ構造になっている。ここで電子伝達系が働いて、ＡＴＰがつくられる。内膜で囲まれた内側の空間がマトリックスであり、ミトコンドリアＤＮＡはここに収まっている。よく出てくるＡＴＰについてここでひと言説明しておこう。図３―６のような構造式で表され、リン酸基が１つ、２つ、３つとつながっている。このリン酸基どうしが非常に大きなエネルギーをもって結合しており、リン酸基が外れてＡＤＰになった時、エネルギーが放出される。このエネルギーによって生き物は動いているのである。このようにＡＴＰは、地球上の大半の生物において共通した〝エネルギー通貨〟として利用されている。もちろん、ヒトならヒトの体内においても、例えば脳と肝臓が働くのに全く同じエネルギー源としてＡＴＰを用いるように、共通している。これは非常に効率的であると言える。

　細胞核内のＤＮＡとミトコンドリアのＤＮＡを比較すると、例えばヒトが30億塩基対なのに対してミトコンド

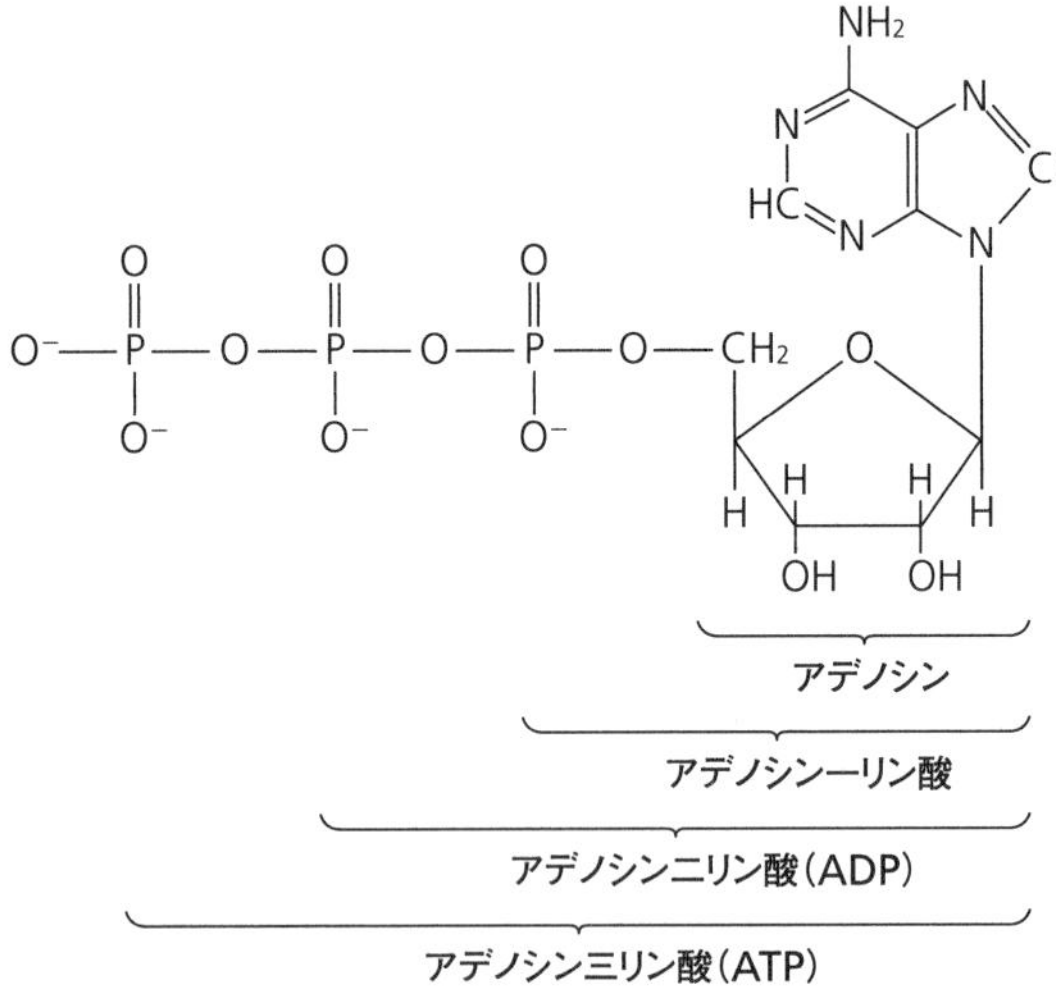

リアは1万6千塩基対と少ない。遺伝子の数（コードしているタンパク質の数）もヒト2万数千種類に対して、ミトコンドリアは37種類のみである。塩基数の比と遺伝子数の比に100倍以上の開きがあることになるが、これはヒトのDNAのうち大半が非遺伝子領域であるのに対し、ミトコンドリアDNAは逆に大半が遺伝子領域であることが影響している。この特徴は現代生きている好気性細菌などの原核生物にも認められており、このことがミトコンドリアの「細胞共生説」を支える論拠にもなっている。

なお生物の細胞と違い、ミトコンドリアは核を持たない。酸素呼吸により生まれる活性酸素はDNAを損傷しうるため、ミトコンドリアは進化史の途中でそのDNAの一部を、宿主である真核細胞の核の中へ安全のために「避難」させ、しかもそのDNAは宿主のものと同化してしまったと考えられている。そして、本来ミトコ

図3–6　ATPの構造

ンドリアの中にあってその活動に不可欠なタンパク質をつくらせていたＤＮＡからの指令は、今や真核細胞の核にあるＤＮＡ——すなわち宿主のＤＮＡの一部——から出ているのである。前章で、ミトコンドリアの動きを制御しているのは核であると述べたのはこのことである。

図３—５のネットワーク図ａは、見慣れた図ｂと相当に印象が異なるが、さらに、林純一氏らによれば、こうしたネットワークも短いときは数十秒で融合と分裂を繰り返している。ミトコンドリアとはこのようにきわめてダイナミックな器官である。

ミトコンドリアの機能不全

細胞内小器官の働きの安定性が失われるのは、ミトコンドリアのＤＮＡで遺伝子に変異があった場合である。ミトコンドリアのＤＮＡは核とマトリックスに配分されていると言えるが、そのいずれかでの変異が大きくなってくると、ミトコンドリアの働きに影響を与える１０００種以上のタンパク質の合成が不調になる。こうしてミトコンドリアの働きが低下すると、とくにエネルギーを使うことの多い筋肉の細胞や心臓の細胞、脳の神経細胞などの働きが低下し、細胞そのものが死んでしまうこともある。こうして、疲れや運動障害、視力や聴力の低下、認知機能の低下などが起きる。このように症状が多岐にわたるのは、ミトコンドリアが全身の細胞に入っているからである。こうした症状をまとめて「ミトコンドリア病」と呼ぶ。発症には２通りあって、もともとそうした遺伝子を持っていることによるものと、薬物によるものだが、前者が多いようである。

ヒトの加齢につれて、ヒト細胞内ミトコンドリアの活性は低下していることが分かっている。このことから近年では、ミトコンドリアの活性を高めて老化などを予防しようとする研究も行われている。諸説あるが、ミトコンドリアの働きの低下は、生体の活性を下げる1つの要因である。

私たちの体は、それを構成する細胞以上の数のミトコンドリアを抱える（細胞1個中にミトコンドリアは数個から数百個含まれる）ことでエネルギーの代謝効率を上げ、生体の複雑な働きを安定化しているが、その重要な主体であるミトコンドリアが不調になってしまうと、広範囲に大きな影響を与えて、生体の働きを不安定にしてしまうのである。

小胞体とゴルジ体

「小胞体」と「ゴルジ体」についても説明しておこう。一般的な解説では「ミトコンドリアはATPを作る」「小胞体は脂質、タンパク質、カルシウムイオンを貯蔵する」「ゴルジ体はタンパク質に糖を付けて（糖修飾して）送り出す」となるが、これでは3つがばらばらに働いているかに思われてしまう。実際には図3—7のように、ミトコンドリアが作るATPは細胞内活動のエネルギーとなり、小胞体表面でタンパク質を合成するリボソームにも使われ、そこで作られたタ

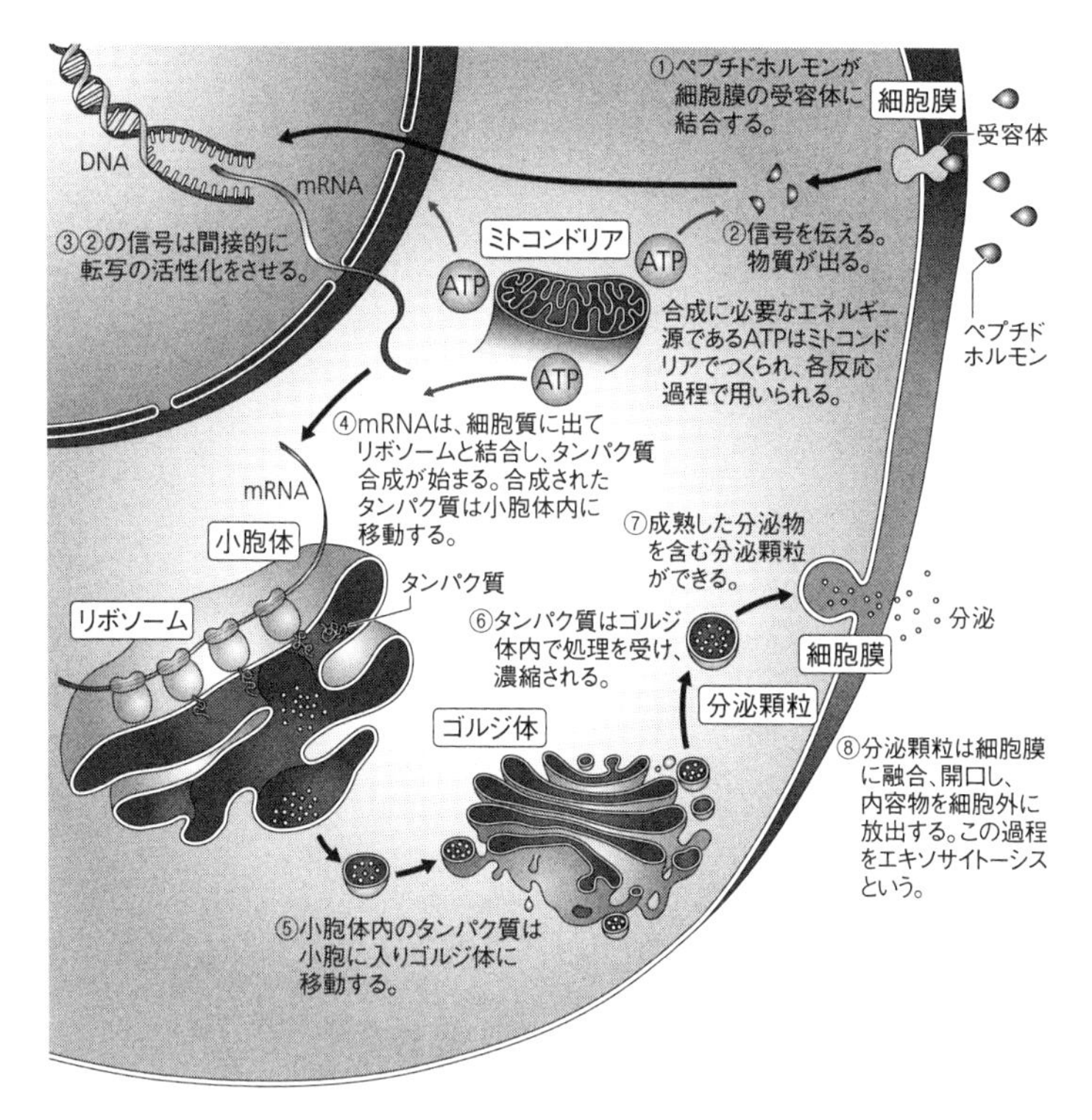

図3–7　細胞小器官どうしのかかわり合い

ンパク質が小胞体に入り、小さな包み（小胞）で包まれて切り離され、ゴルジ体に移動し、そこで糖修飾され、それも小胞に入って細胞膜の内側へ癒合して、中にある糖タンパクを細胞外に放出するという流れが存在するのである。細胞の中でダイナミックな作用を続けているのはミトコンドリアだけではない。生体の絶えざる働きを安定化するためには、細胞小器官どうしの連携が不可欠である。ここに生体分子の情報の流れが介在すると言ってもいい。情報の送り手、受け手、途中を媒介する物質など、そのどこかの地点に異常が生じると急激に不安定化し、さまざまな病気へとつながってしまうのである。

第2節　コミュニケーションする細胞たち

情報伝達＝コミュニケーション

ロバート・フックはコルクガシの幹に細胞を見出し、セル cell（細胞）と名づけた。観察されたのは細胞質や核やミトコンドリアが抜け落ちた、残骸としての細胞壁であったが、彼はこの孔の中で活発な物質の移動が起きていることを想像できただろうか。

cellは英語で「小部屋」の意味だった。まさに細胞は部屋である。部屋は人間が出入りすることによって意味を持つ。同様に、細胞は物質が出入りすることによって細胞として成り立つ。このことが分かったのはそれほど遠い昔ではない。

研究者たちは、なぜ全身の細胞が、統一的に働いているのかを不思議に思った。血液や神経細胞は確かに動いているが、それだけでは生体の複雑な動きを到底説明できなかったからである。

19世紀、内分泌という概念が普及した。内分泌は外分泌とセットで理解できる。外分泌は、分泌組織からの管を通して体外、または体腔に排出することを言い、唾液や胃液、汗が外分泌物である。これに対して内分泌は管を経由せず、分泌物が体内の細胞から直接、血液やリンパ液、組織液へ分泌されることを言い、これは主としてホルモンの分泌を言う。ホルモンについては前にも触れたが、hormoneはギリシャ語で「興奮させる」という意味があり、イギリスのウィリアム・ベイリスが提唱した。食べ物が十二指腸に入ると、胆汁や膵液の分泌を促す物質が、小腸の粘膜から血液中に分泌される。「促す」というのが要点である。ホルモンは連絡役として、何らかの活動を呼び起こすのである。この物質がセクレチンと命名され、ホルモンの第1号となった。1902年のことである。

内分泌とホルモンの発見は科学全般に非常に大きなインパクトを与えた。第2章で構造式を掲げた甲状腺ホルモンも、カエルの変態に大きな役割を果たしていた。甲状腺から遠く離れた手足の細胞に働きかける、いわば遠距離通信を担うのがこれらのホルモンだが、細胞どうしはこうした情報伝達の仕組みを緻密に築き上げている。こうした伝達のことをここでは「コミュニケーション」と呼んでおきたい。教科書などでは使いにくい言葉であるが[*5]、生命科学分野ではかなり広まった用法である。この「情報」は「シグナル」とも呼ぶが、シグナルの伝達条件は何か、シグナルの分子的な実体は何かという研究は、生命科学の研究分野でもホットな領域の1つである。

ヒトが行う「コミュニケーション」は、伝え手が、意思内容を、表情や言語を用いて受け手に伝えるものである。これに対して細胞のコミュニケーションは、細胞が表情や言葉の代わりに、ホルモン、神経伝達物質（アセチルコリン、ノルアドレナリン、セロトニン、γアミノ酪酸など）、後述する成長因子のような化学物質を用いて、あるいは細胞どうしの直接の接触によって、目当ての細胞（標的細胞）に何らかの作用を促すことを言う。

本章で特に述べてきたように、確かに生物の基本単位は細胞である。しかしそれはややスタティック（静的）な見方である。細胞が存在し、その内部で複製・転写・翻訳が行われる——セントラルドグマが展開されるといっても、10兆の単位に及ぶ数の細胞が個別にそれに専念していては、全体は統一されない。細胞をどれだけ積み重ねても、細胞の総和は生き物にならないのである。生命の本質をつかむにはダイナミックな側面にこそ目を向けなければならない。細胞と細胞の間のコミュニケーションは、組織間・器官間のコミュニケーションとなり、個としての統一性のあるコミュニケーションとなる必要がある。その全体が安定的であることが、生命を成り立たせているのである。本節ではこの仕組みを成り立たせている要素をひとつながりで解説しておきたい。

砂糖を甘いと感じる仕組み

ヒトは進化の過程で、糖を栄養源と捉えるために、甘いものを察知する仕組みを発達させた。

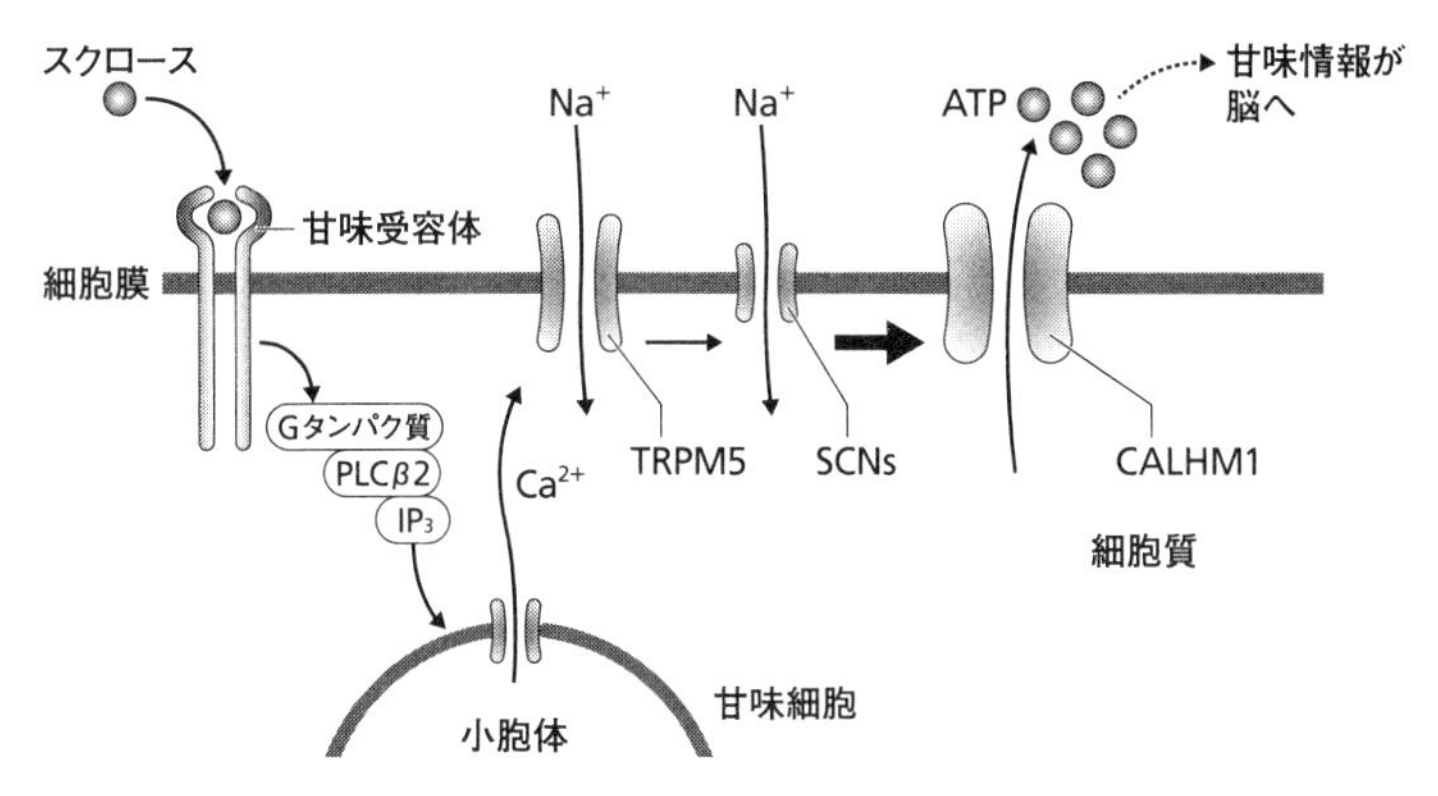

図 3–8　砂糖を甘いと感じる仕組み

逆に毒は苦みとして、腐敗は酸味として捉えられるように、苦いもの、酸っぱいものを察知する仕組みも発達させた。このような生き物の環境への適応においても、細胞のコミュニケーションがその仕組みを担っている。

砂糖をなめて甘いと感じるのはなぜか。グラニュー糖などの砂糖はスクロースというのが化学名である。蔗糖(しょとう)とも言う。スクロースはブドウ糖（グルコース）と果糖（フルクトース）の結合したものだが、この結合分子が、舌にある味蕾(みらい)という組織にキャッチされる。もっと詳しく言えば（図3―8）、味蕾は数百個の「味細胞」から成っていて、中でも甘い味を受け取る「甘味細胞」の表面にある受容体(レセプター)に結合する。京都府立医科大学の樽野陽幸氏らがペンシルベニア大学のケヴィン・フォスケット教授のもとで行った研究によれば、これによって受容体は活性化し、小胞体からカルシウムイオンが放出されるよう誘導する。そして甘味細胞内のカルシウムイオンの濃度を上げる（前述の小胞体がカルシウムイオンを貯えておくのはこのような反応のためである）。そのことが、細胞膜上の通路[*6]（チャネル）を開かせて。ナトリウムイオンが甘味細胞内に取り込まれる。ここから連鎖的に細胞内で電位（電圧）の変動が起きる。[*7]さらに、CALHM1（Calcium homeostasis modulator 1）という分子が通り道になって、甘味細胞からATPが放出され、このATPはエネルギー源としてではなく神経伝達物質として放出され、最終的に甘味情報は脳へと達するという。[*8]こうして私たちは「甘い」という印象を形成するのである。

甘味を感じるプロセスにおいて、ATPが放出されて以降のプロセスが「細胞間コミュニケーション」であり、それ以前の甘味細胞内での作用の連関が「細胞内コミュニケーション」に当たる。この両者を媒介しているのが、膜表面にある受容体であることは明らかであろう。受容体はある種のタンパク質だが、細胞の外に突き出ている一方、反対側は細胞内にも突き出ている。細胞膜を貫通していることからこうしたタンパク質を膜貫通タンパク質と呼ぶ。甘味細胞に限らずこうしたタンパク質は全身の細胞に広く存在している。

細胞の内と外をつなぐもの

細胞と細胞をつなぐ働きをするタンパク質はいわば縁の下の力持ちである。このダイナミクスなくして情報は細胞内部に伝わらない。それを確かめるためにここでは、膜貫通タンパク質のうちインテグリンとカドヘリンについて簡潔に見てみよう（図3―9）。

まず図中上段には上皮細胞の模式図があって、外界に近い方から言うと、まず密着結合（tight junction）は膜タンパク質が中心になった結合で、水もイオンも通さない。肌が雨に濡れてもそこから内部に雨がしみ込むということはないだろう。次が接着結合（adherence junction）、これは主としてカドヘリンによる。次がデスモソームで、部分的にカドヘリン類が担う。ギャップ結合はコネキシンという細胞が両細胞をパイプ数本で繋ぐ

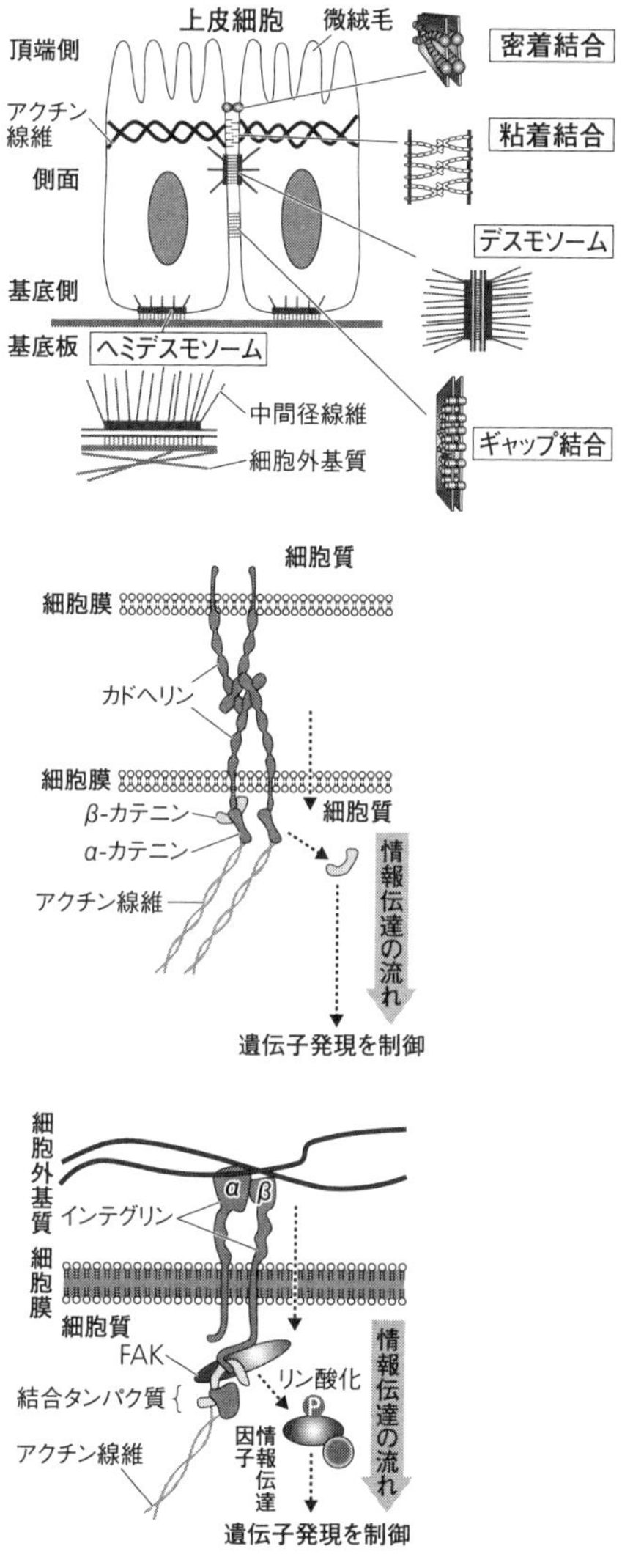

図3–9　細胞の接着と結合の形式

ような構造で物質交換の通路となっている。基底部分で上皮細胞はヘミデスモソームという接着形式になるが、これは部分拡大するとすぐ下にあるように、細胞外基質と接着されている。この接着を主に担うのがインテグリンという膜貫通タンパク質である。

図中中段のカドヘリンを発見、命名したのは竹市雅俊氏である。名の由来はCalcium（カルシウム）＋Adherence（接着）で、接着がカルシウムに依存していることを表す。これは同種の細胞を接着する膜貫通タンパク質であり、糖によって修飾された糖タンパク質でもある。上皮細胞のほか、神経細胞の接着も担う。図のように細胞膜を突き抜けており、細胞の内側ではアクチン線維につながる。筋肉の成分として知られるアクチンだが、細胞にとっては細胞内で全体の形を維持するために不可欠の組織（細胞骨格）である。細胞間で細胞骨格どうしを結びつけているので、細胞間コミュニケーションだけでなく、細胞内部へ情報を伝達し、遺伝子発現を促す役割も果たしている。

図中下段のインテグリンはαとβの2本がセットになっていて、細胞膜の外の方の末端は甘味細胞と同じく受容体である。しかしインテグリンは何かを受容するというよりむしろ何かに〝つかまって〟いる。何に？　コラーゲン線維などの細胞外基質にである。

インテグリンも膜貫通タンパク質で、つかまるのと反対側の末端は細胞内にあり、ここでカドヘリンと同様、アクチン線維につながっている。細胞骨格と細胞外基質とを結び付けて安定させているのがインテグリンである。こうして細胞がその位置を固定し、組織の構築が可能になっている。このほか、細胞の内側ではやはり情報伝達を行っている。

遺伝子変異によってカドヘリンやインテグリンの構造に異常が生じ、不活化した場合、がんと関連して影響が大きい。カドヘリンの不活化は細胞間接着の低下を招き、インテグリンの不活化は細胞外基質との接着の低下を招く。これは、がん細胞が原発巣（最初にできたところ）から血管へ流入したり、別の組織に着いてそこで増殖したりするのを容易にする効果がある。

膜貫通タンパク質は、細胞を物理的に固定するという重要な役割を果たしている。しかしこの機能も、遺伝子変異、不活化、がん転移という一連の不安定化と背中合わせなのである。

増殖を命ずるタンパク質

がん細胞は増殖を止めない細胞である。「細胞を増殖させよ」という命令を出す物質的な実体の1つに、タンパク質EGFがある。EGFとはEpidermal growth factorの略で、「上皮成長因子」または「上皮増殖因子」と呼ばれる。これは細胞増殖因子（サイトカイン）の一種である。細胞表面上の、それのみに適合する受容体と結合して、ごく微量でさまざまな働きをする。サイトカインにはEGFのほか、TGF（形質転換因子）、FGF（線維芽細胞増殖因子）など数百種が見つかっている。分泌する器官が限定されない点が、ホルモンとの違いであると言えるだろう。

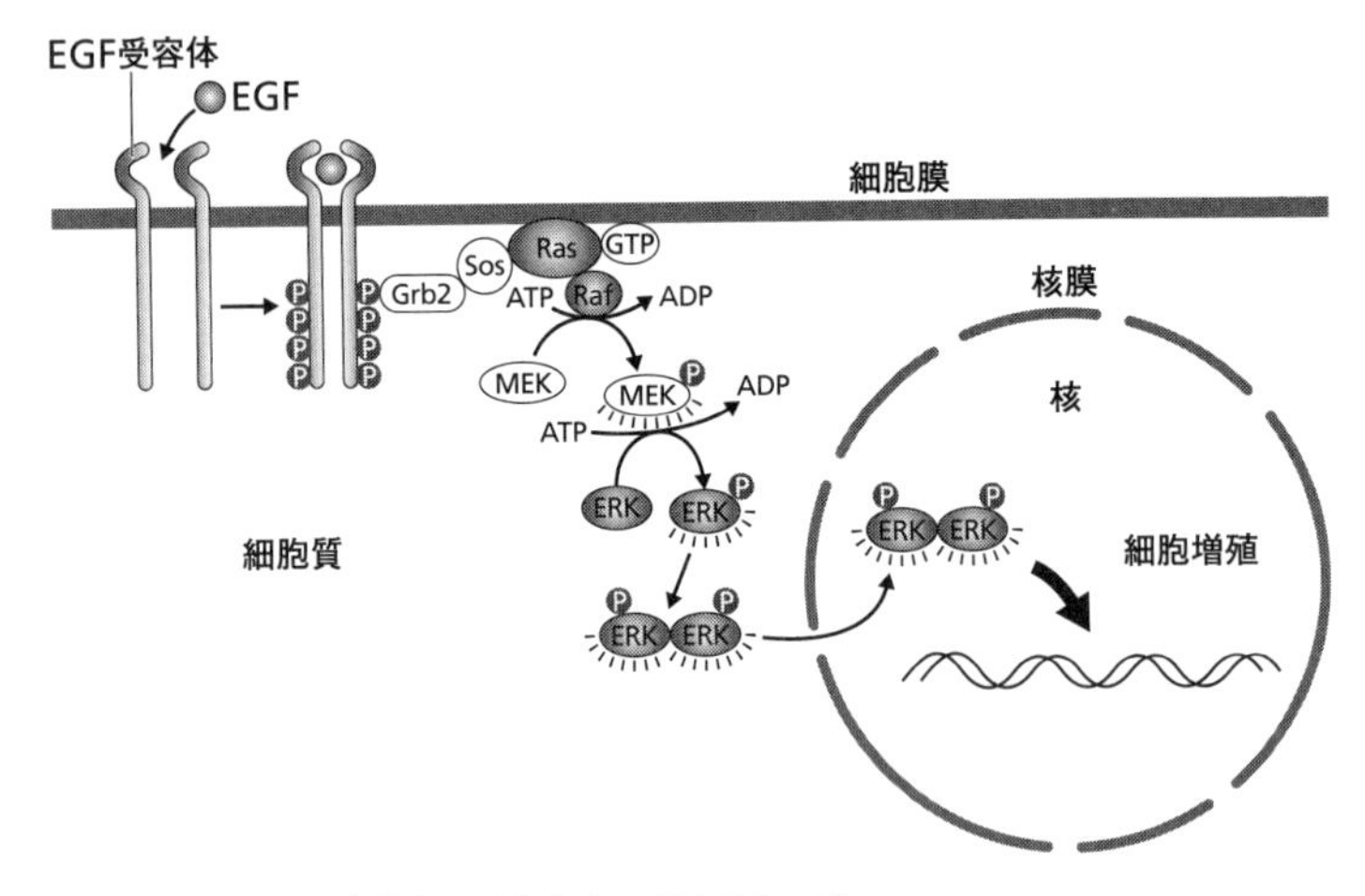

図 3–10 EGF 受容体と MAP キナーゼカスケード

１つの例としてＥＧＦを取り上げよう。ＥＧＦが細胞に至ると、その表面にあって細胞質内に通じている「ＥＧＦ受容体」に結合する[*9]（図３―10）。すると受容体の細胞質側にはリン酸が付く。以下に因子の作動経路を述べれば、リン酸化されたＥＧＦ受容体はタンパク質Ｇｒｂ２と結合し、これがＳｏｓというタンパク質を介してＲａｓを活性化する。Ｒａｓは前章で見たがん原遺伝子であるが、ここではもちろん制御されている。

ＲａｓはＧＴＰ（グアノシン三リン酸）を伴うことでＲａｆを活性化する。Ｒａｆはキナーゼ（タンパク質をリン酸化する酵素）であり、Ｒａｆがリン酸化するのはＭＥＫ１かＭＥＫ２であって、これらもキナーゼである。リン酸化されたキナーゼＭＥＫ１／ＭＥＫ２がリン酸化するのは、ＥＲＫ１とＥＲＫ２という、これまたキナーゼである。このようにキナーゼが幾重にも重なって作用することをcascade（滝）の語を用いてキナーゼカスケードという。このようにして最終的にはＥＲＫ１／ＥＲＫ２が細胞の核に働きかけ、ＥＧＦが当初持ってきた指令——細胞増殖の促進——を実現するのである。

こうした複雑かつ精密なはたらきが不安定化するときがある。それを次項で見てみよう。

がん細胞——細胞間のコミュニケーションを失うとき

右に見てきたように、ＥＧＦを受容した細胞内では、リン酸化によってＧｒｂ２が活性化し、それによってＳｏｓが活性化してＲａｓの活性化に至った。その後Ｒａｆ以降はＭＡＰキナーゼカスケードとなるが、その一歩手前のＲａｓに着目しよう。前章２節で述べたように、Ｒａｓは増殖を促すがん原遺伝子である。Ｒａｓは通常はＲａｆを活性化したあとにＧＴＰと離れて落ち着いてしまい、それ以上増殖を促さないが、突然変異を起こした——核内の複製で間違いが除去されないまま合成された——Ｒａｓは、ＧＴＰと離れることができず、いつまでも活性化した状態のままになってしまう。するとＭＡＰキナーゼカスケードは止まるところを知らずに細胞の増殖を促し続けてしまう。

実際に大腸がんや膵臓がんの患者ではＲａｓに異常のある人が多い。大腸がんを例にとってがん原遺伝子と発がんの流れを見てみよう（図３—11）。

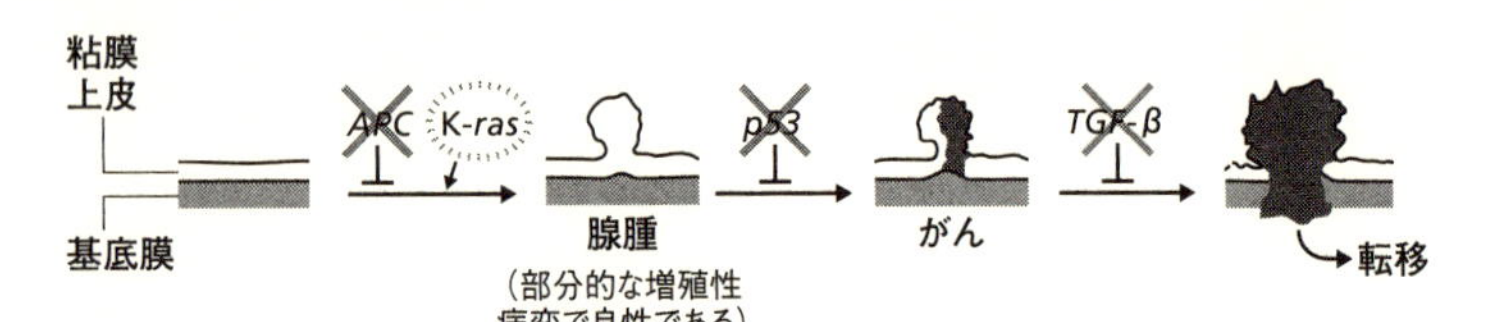

図 3–11　大腸がんの発生と進行

まずＡＰＣとは、Ｒｂやｐ53と同様のがん抑制遺伝子である。これに変異が起きると、増殖を止める信号が送られなくなる。そこへＫ－Ｒａｓというｒａｓの一種が、増殖を促す信号を送る。すると腺腫（上皮部分だけに根を張るいわゆる良性腫瘍）ができる。そこでｐ53が働けば、アポトーシス（細胞の自殺死）が起きて、それ以上の増殖を止めるサインが出たかもしれないところを、このｐ53に変異が起きてはたらかなくなっていると、腺腫は拡大し、腫瘍（がん）となる。まだブレーキ役はいる。しかしそのブレーキ役であるＴＧＦ－βという遺伝子までがおかしくなってしまった場合、何によっても増殖が止められなくなり、さらに増殖しつづけ、上皮を突き破って全身に広がってしまう。これを転移という。転移してしまったがん細胞を残らず除去するのは非常に難しい。図中黒い色で示した部分が、がん細胞である。がん細胞の特異性を一言で言うとすれば、それは「コミュニケーションをしない細胞である」ということになるだろう。普通の細胞は細胞どうしでコミュニケーションを行っている。例えば培養皿の上で細胞は動き回るが、２個の正常な細胞が接触すると、両者ともそこで増殖を停止し、運動もやめてしまう。しかしがん細胞は違う。細胞どうしでぶつかってもひるまず、お互いに乗り越えて行こうとするのである。ここでがん細胞が失っているのは、接触による細胞運動の停止という機能である。

もう1つ、がん細胞が失っているのは、接触による細胞分裂の停止という機能である。ふつう細胞は培養皿一面に広がるとそこで増殖を止める。しかしがん細胞が増殖をやめずに幾重にも重なって増え続けてしまうのである。

なぜこうなってしまうのか？　原因の1つは細胞外基質にある。細胞外基質は細胞を支える組織であるだけではなく、細胞間のコミュニケーションを成り立たせるために不可欠の媒体である。本来細胞が作って細胞外に放出し、それによって細胞活動を安定化させているはずの細胞外基質（ここではフィブロネクチン）の産生量が、がん細胞では有意に減っている。そのため周囲とコミュニケーションができない。しかも細胞骨格（ここではアクチン線維）の配列もおかしくなってしまっているのである。ためしにフィブロネクチンをある種のがん細胞に与えると、本来のコミュニケーションを取り戻し、接触による運動停止も分裂停止も、両方取り戻すことができた。さらに細胞骨格も回復したのである。

がんは、ほかの細胞を食い荒らしたりするわけではない。周囲からの働きかけを無視して、ひたすら増殖を繰り返すことによって、結果として器官や生体を回復不能なまでに損傷してしまうのである。生体の不安定要因は何より外界の変化である。だからそれを敏感に察知し、ふたたび安定を取り戻すために適応のために体中の細胞間・細胞内でコミュニケーションを行う。組織が損傷されれば、その回復のために細胞へＥＧＦなどの成長因子が飛ばされる。ところがこのあとで、ＥＧＦ受容体や、活性化シグナルを受け取ったＲａｓに、もしある種の変異があったら、それはもうがんの始まりである。安定化を目指すコミュニケーションが、そのまま一転して生体を究極の不安定化に追い込んでしまうのである。

註

＊1　彼は１６６５年に顕微鏡でコルクガシの幹を乾燥させたもの（すなわちコルク）を観察して細胞壁を認め、その中空の孔をこれをcell（細胞）と名づけた。

＊2　図では中心体が動物だけにあるが、一部の植物にも認められる。

＊3　無脊椎動物に骨格はないが、昆虫や甲殻類などは外骨格と呼ばれる堅牢な構造を持っており、これによって体を支えている。

＊4　以降この図についての説明では主として林純一著『ミトコンドリア・ミステリー』（講談社ブルーバックス、２００２年）を参照した。

＊5　筆者が編集に携わった教科書でも終始、情報伝達（signal transmissionやsignal transduction、シグナル伝達とも）という表現を使い、細胞に意思が存在するかのような「コミュニケーション」の語は、高校生の教科書ということもあって使わないようにした。しかし一般に、細胞間の物質を介した情報のやり取りをうまく言い表すのはコミュニケーションという語ではないだろうか。

＊6　ＴＲＰＭ５チャネル。次に活性化されるのは電位依存性ナトリウムチャネル（ＳＣＮｓ）。いずれも甘味細胞内にナトリウムイオンを取り込んで電位を変動させる。

＊7　Taruno, A., et al., "How do taste cells lacking synapses mediate neurotransmission? CALHM1, a voltage-gated ATP channel", *Bioessays,* 35(12), 2013, 1111-1118.

＊8　Taruno A., et al., "CALHM1 ion channel mediates purinergic neurotransmission of sweet, bitter and umami tastes", *Nature,* 495, 2013, pp.223-226.

＊9　このとき、受容体（レセプター）に結合するもののことをリガンドと呼ぶ。ここではＥＧＦがリガンドである。レセプターとリガンドは酵素と基質のように１対１で対応している。

第4章
個体の恒常性を支えているもの——合成と分解による秩序

第1節　代謝する物質と細胞

代謝と物質循環

生きているとはどういうことか。

簡単ではないが、ここで生命を定義してみよう。その条件は、①自己複製をすること、②代謝をすること、③（核酸やタンパク質などの）有機物を持つこと、④膜で仕切られた細胞を持つこと、⑤もととなる個体の特徴を受け継ぐ（遺伝する）こと、⑥周囲の環境に応答すること、となるだろう。私たちはよく「新陳代謝」といい、古いものと新しいものが入れ替わるという程度の意味で使うが、生命の仕組みの中で言う代謝は少し違っていて、個体の外部と内部で物質をやりとりすることである。このためシンプルに「物質交代」と呼ぶこともある。

生き物は植物でも動物でも、外部から物質を取り入れ、いらなくなったものを排出している。これが代謝である。非常に広い意味を持っており、そこには、ミクロな物質や細胞レベルの代謝とマクロな個体レベルの代謝がある。また、交代する物質によって種類があり、糖（炭水化物）の代謝、タンパク質の代謝、脂質の代謝など、体に必要な物質それぞれについて代謝を考えることができる。ただし、これらはつながり合って個体を一定の状態に維持している。

本節では、細胞レベルの代謝の話から始めて個体レベルの話へと展開し、代謝による恒常性という観点から「健康」を捉え直し、第2節の「炎症」の話へとつなげていきたい。

ヒトなどの動物の場合、外界から植物や動物、水などを取り入れて（つまり食べて）、消化し、いらないものは最終的に尿や便として体外に排出する。これは物質の循環の一部である。

何が循環しているのか。それは、元素でいえば炭素、窒素、酸素、水素、鉄などであり、分子でいえば酸素（O_2）や二酸化炭素（CO_2）や水（H_2O）などの分子、あるいはアンモニウムイオン（NH_4^+）などのイオンである。これらの元素がさまざまな「有機化合物」、例えばブドウ糖やアミノ酸の形で動物や植物の体を経由し、また大気や土壌を経由して循環している。

動物は、植物なしには生きていけない。肉しか食べない動物であっても、かれらの捕食する動物が、それ以前に植物を食べているからこそエネルギーが得られ、また生体を構成する成分（生体成分）の素材を補給することができる、すなわち生存が可能なのである。

そして、ここでは詳述しないが、動物と植物にとっては細菌などの微生物も不可欠の存在である。動物や植物がエネルギーを得、生体成分を補給できるのは、微生物による分解があるからである。逆に、微生物は動物や植物の遺骸や排泄物を摂取して生きる。これらはすべて、互いに不可欠なパートナーなのである。

循環源としての植物、その窒素同化・炭酸同化作用

植物は、動物と同様、外界から物質を取り入れ、不要なものを排出する。動物と同様の仕組みとしては、酸素を取り込んで炭水化物を分解し、エネルギーを発生させて使い、残った二酸化炭素や水を排出するという「呼吸」がある。

植物において、呼吸の正反対とも言えるはたらきが、「光合成」と「窒素同化」である。これが動物にとって重要になる。動物から見れば、光合成は酸素の源として、また窒素同化は体を構成する成分の源として、それぞれ不可欠なはたらきであり、これらを植物が担っているからである。

光合成は、よく知られているように、外界から二酸化炭素と水を取り入れて、酸素を排出するはたらきである。

生体に必要なエネルギーは糖質を分解する過程で得られる。この糖質（ここではブドウ糖）を作って体内に蓄えるのが光合成である。ブドウ糖は、二酸化炭素と水、光エネルギーをもとにして合成される。この結果、水の一成分であった酸素原子が酸素（O_2）となって生じるのである。こうしていちど排出された酸素が、植物の呼吸では再度植物の体内に取り込まれる。もちろん動物の呼吸にも使われる。

窒素同化の方を見てみよう。土の中にある水にはアンモニウムイオンや硝酸イオン（NO_3^-）が含まれるが、これらを根から吸い上げ、グルタミン酸などのアミノ酸をつくることが窒素同化である。動物は植物を食べることでこのアミノ酸を取り込み、リボソームを介してタンパク質を合成して（第1章）、生体を構成する成分にしている。

このように、代謝をめぐる循環は、植物が炭水化物や酸素、アミノ酸をつくり出すはたらきにすべてを負っているのである。

タンパク質の代謝とは何か

生命科学では「代謝」をエネルギーの面から考えるのが主流であるため、言葉の使い方には少し注意が必要になる。

動物と植物が行う「呼吸」は、エネルギーを取り出すためにブドウ糖などを分解し、酸素の力を借りてＡＴＰ（第３章）をつくり出す過程である。植物が行う光合成は、ブドウ糖などを合成すると同時に酸素もつくり出す過程である。このように、主にブドウ糖など炭水化物の分解と合成は、エネルギーをめぐる物質の交代である。

しかし合成と分解をもう少し広い概念で捉えてみよう。右のような場合、合成し、分解するのは炭水化物であったが、同じことはタンパク質でも行われる。タンパク質の合成と分解も生体には不可欠のはたらきである。前項で述べた「窒素同化」はタンパク質の合成過程である。

ここで生命の基本的な仕組みに立ち返って、エネルギーとタンパク質はそもそもなぜ必要性なのかについて確認しておこう。

まず、エネルギーはなぜ必要なのか。動物の場合は容易に想像できるだろう。体を動かすためにエネルギーが必要であることは実感として分かるはずである。これに対して、自分から体を動かすことはほとんどない植物の場合はどうか。じつは植物も同様で、例えば光合成のためには根から水を吸い上げなければならないが、これには物理的な運動を起こす必要があり、そのためにエネルギーが必要になる。また、吸い上げた水を使ってＡＴＰをつくり出すときにもエネルギーが使われているのである。

では、タンパク質がなぜ必要かといえば、第２章で述べたが、生体に休まず供給し続けなければならないからである。髪の毛や爪、皮膚のほか、血液や腸や脳の細胞、そして種々の酵素が再生されるために膨大な量のタンパク質が必要とされており、その材料としてアミノ酸が大量に用意される必要がある。

第1章で見たように、細胞質内に運び込まれたアミノ酸は、リボソームの中でさまざまなタンパク質へと合成され、生体の大部分の物質を構成し、また酵素やホルモンなど多様な働きを担うようになる。その不可欠さは容易に理解できるが、成長中の幼体ならともかく、成体の体内でなぜタンパク質の合成を続けなければならないのか。

この疑問に直接答えることは難しいが、生体内の酵素の代謝を、通常の体温時に止めることはできないことは事実である。代謝のネットワークにおいては、フィードバック機構などの調節的な機能はあるが、一部の反応だけを都合よく止めるわけにはいかないのである。

いくつか具体的な例を挙げることができる。例えば、私たちは定期的に髪を切り、爪を切る。理由は、伸びすぎると困るからである。なぜ髪や爪が伸びるのかについては諸説ある。ヒトは現代的生活を送るうえで動物に比べて髪や爪がすり減りにくいため分からないが、かつて物をつかんだり頭を日光から守るために、髪や爪は一定期間で新しく生えて来るのが都合がよかったというのがもっともな説だろう。また、すり減らないがゆえに、動物たちに必要なかった「切る」という作業が行われるようになったものと考えられる。いずれにせよ、これらの〝材料〟としてケラチンや、そのもととなるアミノ酸は必要である（なお髪と爪が生える仕組みについては第3節で述べる）。

もちろん髪や爪は分かりやすい例に過ぎず、再生に必要なアミノ酸の量もたかが知れているだろう。右で生体のあらゆる構造、あらゆる働きに関わっていると述べたのはもっと本質的なことである。それは、タンパク質がつねに壊され（分解され）続けているという事実である。

髪や爪はたしかにタンパク質（硬タンパク質）でできているが、それをつくり出しているのは根元の部分の深部にある細胞だけである。その部分で細胞の自己複製（第1章）が繰り返された結果、複製されたものが押し出されて伸びていったに過ぎない。髪と爪はその大部分が、「死んだ」細胞の硬い「抜け殻」である。これらは本来すり減ってなくなるはずだが、現代では爪切りや散髪によって人為的に取り去られるのだとしよう。それが、死んだ細胞が取り除かれる瞬間であるわけだが、ほかのタンパク質はこうした経過期間（つまり死んでから無くなるまでの期間）なしに直接壊される。

体を構成するタンパク質は、種類によって周期は異なるが、それぞれ適切な間隔で分解され、それに合わせて合成が行われている。分解と合成が同時並行して起き、古いものと新しいものが入れ替わりながら動的な平衡状態を保っているのである。この現象を代謝回転といい、ルドルフ・シェーンハイマーが一九三五年に発見した。[*1] ヒトでは、成人で1日当たり300〜400gのタンパク質が分解されるという。[*2] 理論的には、1日当たり少なくとも同量のタンパク質が合成されなければならないことになる。

酵素と自食――タンパク質を「壊す仕組み」

セントラルドグマは、ＤＮＡの構造と共に、タンパク質がどのように合成されるかを明らかにした。具体的には、タンパク質の材料となるアミノ酸をどう並べていくかを、ＤＮＡの塩基配列が決定していることがわかったのである。

合成は細胞の中で起きる。そこでは、合成という「正」の方向の働きが生じているが、この働きだけが繰り返されていくと、細胞の中はパンクしてしまう。パンクしないのは、合成され機能を果たしたタンパク質が、一方では分解され、壊されているからである。この「負」の方向である「壊す仕組み」は、生き物が生きていくうえで不可欠である。分解されて初めて新しく合成もできるのである。

セントラルドグマの提唱に象徴されるように、これまでの研究は「合成」のプロセスに関心が寄せられてきた。ＤＮＡからメッセンジャーＲＮＡ、メッセンジャーＲＮＡからタンパク質へと、遺伝情報がどう流れていくのか、それがどう新しく作られていくかという方向で研究が進んできたが、近年は「分解」のプロセス、つまり、いったん作られたものがどう壊されていくかという方向への関心が強まり、とくに日本でめざましい成果が上がっている。

生体内では、合成と同じペースで分解が進んでいる。しかしこれがうまく行かず、異常な形態のタンパク質を作ってしまったり、単に量を多く作り過ぎてしまったりすることがある。このときに働くのが「壊す仕組み」である。

「壊す仕組み」には大きく分けて2つある。1つは、「機能タンパク質」の例として前述した「酵素」である。酵素は前記のように「特定の対象と結合して作用するタンパク質」のことで、特定の「基質」とくっついて、それを分解するものである。胃で作られるペプシン、膵臓で作られるトリプシンなど、タンパク質を分解する酵素はプロテアーゼと総称され、食べ物を消化する際に各消化器官で分泌されている。この場合食べ物の諸成分がそれぞれ基質となる。

このような酵素を分解酵素というが、これは細胞の中にも存在している。最近とくに日本で研究が進んでいる「プロテアソーム」という酵素の複合体も、あらゆる細胞の小胞体（第3章）の中にある。これは、細胞内で合成されたタンパク質のうち、修復できないほどの〝出来そこない〟や、不必要になったものには「ユビキチン」という別のタンパク質が複数、付加される。これが目印となり、プロテアソームによって分解される。この「ユビキチン―プロテアソームシステム」は、単に細胞内のごみとなったタンパク質を除去するだけではなく、前章までに述べてきた細胞周期において非常に重要なサイクリンタンパク質を、適切な時期に分解して細胞周期を進める役割も担っている。また、細胞と細胞のコミュニケーションが、プロテアソームという酵素複合体の機能を活性化し、細胞分化を促すことも知られている。

もう1つの「壊す仕組み」として、細胞には「自食（オートファジー）」という仕組みがある。不要と目されたタンパク質を、細胞がその内部で食べてしまう作用を言う。溜まり過ぎたものをなくしていく働きである。この仕組みの分子的な機構を解明した業績で大隅良典（おおすみよしのり）氏が２０１６年のノーベル生理学・医学賞を受賞した。大隅氏らの業績として衝撃的な実験がある。オートファジーを行う遺伝子の１つを改変して自食機能を欠損させたマウスを作ってみると、生後わずか１日ほどで死んでしまったのである。*3

壊さないとどうなるか

右のマウスの例は、細胞内のタンパク質を壊せないとどうなるのかを示す例である。ヒトの細胞は、昨日と今日で同じ位置にあったとしても、分子のレベルでは入れ替わりが進んでいる。１つの細胞が更新される期間は、その細胞特有の「細胞周期」による。ヒトの結腸の表面を構成する上皮細胞（ヒト結腸上皮細胞）の細胞周期は39時間である。つまり、２日も経てば結腸の表面はすべて入れ替わっていることになる。

血液細胞には赤血球、血小板、白血球などがあるが、いずれも骨髄で作られている。中でもとくに脊椎や骨盤などの骨髄の中に「多能性」の造血幹細胞があり、これが自己複製したのち、血球や血小板、白血球などへと分化していく。中でも赤血球の作製の勢いはすさまじく、１日に２０００億個というから、単純計算でも１秒間に約２３０万個の赤血球がつくられていることになる。赤血球の寿命自体は４カ月程度であり、それが細胞周期ということになる。つまり４カ月たてば赤血球はすべて入れ替わることになる。

激しく入れ替わりつつも、合成と分解のペースは釣り合わなければならない。どちらかが滞ったり、逆に進み過ぎたりするとバランスが崩れるのである。例えば、骨髄中の造血幹細胞が前駆細胞になったとき、何らかの理由で遺伝子に変異が起きると、際限なく白血球が作りつづけられてしまう（なお白血球とは、単球、リンパ球、好中球などの総称）。本来は適当なところでインターフェロンγなどのサイトカインの干渉を受けて増殖を止めておかなければならないのに、である。こうなると骨髄の中は白血球でいっぱいになってしまい、正常な造血幹細胞がその他の血液細胞を作ることができなくなってしまう。これが白血病と呼ばれる症状の原因となる。

このように、不要なタンパク質がたまり続けると、個体だけでなく細胞も機能を失ってしまう。「不要なタンパク質」とは、タンパク質合成に使い終わったｍＲＮＡや、たまたま作り過ぎてしまったタンパク質や、遺伝子異常のせいで作られ過ぎた白血球などである。こうしたものを正常に消すことができないと、細胞は機能を失い、ひいては個体が病気に陥ってしまう。

症状の重い例を挙げよう。認知機能が徐々に衰えていってしまうアルツハイマー病（次章でも詳述）では、脳内に「老人斑（はん）」と呼ばれる特徴的な構造が見られることが分かっている。この老人斑は、脳内で分解されずに残ったβアミロイドというタンパク質が凝集してできる。

タンパク質だけではない。細胞内にはミトコンドリアがあり、植物の場合には葉緑体もあって、ＡＴＰやブドウ糖を合成している。こうした合成物は消費されなければたまり続けてしまい、右と同様に細胞の機能を失わせ、個体を病気の状態に陥らせる。

タンパク質や糖の合成と分解が均衡していれば、個体は健康な状態であるといえる。生き物は本来、ダイナミックな合成と分解を均衡させ、個体を一定の範囲内で健康な状態に保つ仕組みをもっている。この仕組みをホメオスタシスhomeostasis（恒常性）と呼ぶ。

正負のバランスをとる仕組み——フィードバックシステムと恒常性

個体は、すさまじい勢いの「合成」と「分解」をどうやって均衡させているのか。じつは簡単で、合成プロセスと分解プロセスの間にはフィードバックしあうシステムがある。合成が過剰になった場合にはそれを抑制する動きが生じ、足りなくなったときには合成をうながす動きが生じるのである。第三章で、細胞間のネットワークとコミュニケーションについて述べたが、それはつまり、ここで言うフィードバックシステムである。細胞と個体はこのシステムによって機能している。

フィードバックシステムの本体は何か。それは、前項のインターフェロンγの分泌や、サイトカインの作用である。こうしたサイトカインの作用によって、細胞のレベルでは合成と分解が均衡しており、細胞の機能が保たれる。それが個体のレベルでいう健康な状態である。

前出の「恒常性」は、生き物の特徴を見るうえで重要な概念である。通常、「外部や内部の変化に対して、生理的な条件を常に一定に保とうとする、安定化への傾向」とされるが、ここでは、この安定化への傾向がなぜ生じるのかという観点から「恒常性」をより広く捉えたい。それは、本質的には、「その個体らしく、健康で生き続けることを可能にする仕組み」ということができるだろう。合成と分解の均衡はまさに恒常性（の産物）であり、この次に述べる防御システムが目指しているものである。

第2節　炎症というシステム

免疫の古典的理解

生き物にとって恒常性とは、防御のためのシステムである。防御とは環境の変化に対するもので、これに対して生理的条件を一定に保とうとすることである。

生体防御では通常「免疫」が重視される。本節ではこの免疫を「炎症」と組み合わせて捉え直してみたい。そうすることで、アレルギー、がんなど深刻な病気が起きる仕組みや、次節で述べる再生医療の根本的な意義など、一見無関連に見える現代の重要なテーマについて統一的なかたちで理解が深まると思うからである。また、そうすることによって、「動的な安定性」を維持する生き物の体のあり方を総体的に描き出してみたい。

「恒常性が壊されたときに炎症が起きる」と考えてみよう。恒常性の破壊は物理的なものであったり、食べ物を介した代謝をめぐるものであったり、ウイルスの侵入であったりする。そして、そのような〝破壊〟に際して、生体を防御しようとして働く仕組みが免疫であると考えるのである。

従来、免疫とは端的に「異物を排除する仕組み」のことを指していた。免疫には大きく分けて2つの側面があり、両方が複合してはたらく。一つは異物にすぐ反応する仕組みで、自分と違うもの（「非自己」と呼ばれる）を感知し、あるいは自己が変異したものを感知して、これを排除しようとする仕組みで、自然免疫という。先天的に持っている免疫の側面である。これは昆虫などにも備わっている。

もう一つは獲得免疫といい、これは後天的に獲得される免疫という意味である。これは非自己の「形」をよく認識して「記憶」し、その対象だけを排除しようとする仕組みである。「獲得」されるといっても、獲得されるのは異物の「形」であり、対象を記憶する仕組みそのものは生体に先天的に備わっている。ただし昆虫などはこの仕組みを持っていない。

自然免疫は多細胞生物が共通してもっているが、獲得免疫は脊椎動物に特有の仕組みである。脊椎動物において自然免疫と獲得免疫は協調しつつ働いている。

毎年冬前に推奨されるインフルエンザ予防接種などはこの「獲得免疫」の仕組みを利用している。毒性をなくしたインフルエンザウイルス（インフルエンザの不活化ワクチン）が注射で接種されると、血液中の白血球、とくに樹状細胞やT細胞が反応する。まず樹状細胞がインフルエンザワクチンを分解してそのタンパク質をT細胞に「提示」する。T細胞は提示されたワクチンの分子的形状を認識し記憶する。そうして本当に毒性をもったインフルエンザウイルスが侵入してきたときに、T細胞が記憶を活かして早期の段階で動くことで、高熱などの炎症が出るより前にウイルスを排除できるようになるのである。

インフルエンザのほか、天然痘や風疹なども同様にウイルスがかかわり、ワクチン接種が地球規模で推奨された結果、天然痘は１９８０年に根絶宣言がなされた。いま私たちが天然痘を恐れないでいられるのはこうした試みの積み重ねがあったからである。

がんを免疫の観点から捉える

免疫は、典型的には右のように、外界からの異物の侵入に関する仕組みであると捉えられてきた。しかし近年はもう少し拡張されている。中でも重要なのはがんの捉え方である。

かつて、がん細胞は「自己」に由来するものである以上、免疫において認識の対象にならないと考えられてきた。ところが近年、がんを異物として認識する機能が明らかになった。

がん細胞には本来、生体の免疫機構をかいくぐって生き残ろうとする巧妙な仕掛けがある。がん細胞を攻撃しようとする免疫細胞にはPD―1と呼ばれる受容体（レセプター）があるが、そこへある物質が結合すると免疫細胞は攻撃をやめてしまうのである。この「ある物質」とは、PD―L1という、がん細胞自身が発現させる物質である。このPD―1とPD―L1の結合を遮断することによって免疫細胞（T細胞など）が適切にがん細胞を攻撃できるようにすれば、がんの「免疫療法」が可能となる。この機構の解明と治療戦略は本庶佑（ほんじょたすく）氏が牽引してきており、すでに「ニボルマブ（商品名オプジーボ）」として市販されている。[*4] しかしこの免疫療法は万能ではなく、個体差やがんの種類によって効果の大小が変わることが知られるようになってきている。

外傷時、何が起きているのか

生き物にとって、維持されていた健康状態が崩れる、つまり恒常性が破壊されると、生体防御システムが反応する。炎症はその基本的なところに位置している。外傷にせよ、内的な糖代謝にせよホルモンの乱れにせよ、そうした破壊に対して生体がまったく防御の仕組みを持たなかったとしたら、その種ははるか昔に絶滅していただろう。炎症を起こす仕組みとそれを拡大させない仕組みは生命の安定にとっても、種の安定的存続にとっても不可欠の要因である。

動物が大けがをしたときや体表に大きな腫瘍ができたとき、その部分はそれ以前とまったく違った様相を示す。このとき、ここでは何が起きているだろうか。

生体が外傷を負うことは、周囲の微生物から見れば、生体内に入り込んで増殖するチャンスである。もし生体がなんの対策もとらなければ、細菌の繁殖は生体を死に追いやるだろう。この対策を防御システムはどう実現しているのか。

外傷を負ったとき生き物の形態は物理的に変化している。この変化を、白血球の一種であるマクロファージという細胞が「発見」する。そして腫瘍壊死因子（ＴＮＦ—α）などのサイトカインを出す。ＴＮＦ—αによって傷近くの血管の内側（血管内皮）はねばねばした状態になり、そこへ、血管内を流れる好中球や単球などの白血球が留まりやすくなる。次いで、マクロファージが出した「ケモカイン」（後述）によって、単球や好中球は傷ついた組織の中へ移行し、傷口から侵入してきた細菌などの微生物を捕え、食べてしまう。こうして殺菌を果たしている。

一般に使われる「炎症」という言葉が指しているのは、右の過程における、「白血球が傷口へ入り込んで活動し、組織へ変化を及ぼすこと」である。サイトカイン自体は炎症を起こす働きを持たないが、サイトカインなくして炎症は起きない。そして、サイトカインを分泌するマクロファージは、生体を外傷から回復させ、恒常性を回復しようとする重要な細胞なのである。

なお近年、炎症がきっかけとなって起こりやすいと考えられる病気には、リウマチなどの自己免疫疾患、アルツハイマー病などの神経性疾患、がんや血管疾患などがある。生体の広範囲に存在するサイトカインはこのような不安定化の要因ともなりかねないのである。

高血糖という炎症

外傷は比較的理解しやすいが、炎症を広く捉えれば、内的な代謝異常、例えば血糖値をめぐる疾患についても統一的に理解することができる。

血糖値は、空腹時に1デシリットル(100cc)あたり100ミリグラム台ならばとくに問題はないが、この平常値を維持するインスリンが何らかの理由によって働きが悪くなり、300〜400ミリグラムに達すると、その濃度が原因で異常が生じてくる。この「異常」が炎症にあたり、高血糖症と呼ばれる。

高血糖症では血管障害が深刻である。顕著に表れるのは眼の毛細血管で、血管が詰まったり、変形したりし、のちに目が見えにくくなってしまう。そのほか、腎臓の毛細血管、脳の毛細血管も同様に損傷し、太い血管に対してはその硬化に貢献してしまう。よく知られた症状でありながら、なぜ血中のブドウ糖が多いと血管が損傷されるのかについて、明確な答えは未だ得られていない。[*5]

少なくとも、血糖が通常値まで下がるようになれば血管の損傷は起きない。血糖を下げる——正確には、血糖が筋肉その他に取り込まれるよう働きかけて、結果的に値を下げる役割を果たす——のが、前出のインスリンという機能タンパク質である。このインスリンが効かないか、十分な量がないかで血糖値が下がらない状態が、高血糖である。

高血糖と血管損傷の間に「中性脂肪」を考えてみよう。高カロリーの食事を続けると、使い残されたブドウ糖が肝臓で中性脂肪に合成される。中性脂肪はそこから全身の脂肪組織へ運ばれ、蓄積される。エネルギー欠乏時にはこれが分解されてブドウ糖よりも効率の良いエネルギー源となるが、多すぎたり、運動する機会が少なかったりすれば溜まる一方である。こうなると、中性脂肪が出す物質から、それを外敵と認識したマクロファージが活性化、炎症性サイトカインを出して、脂肪組織で炎症が起きる。この炎症が、すぐ近くの血管に及んで、内皮を傷つけたり変形させたりすると考えられるのである。

また、慢性的に高血糖が続くと、インスリンの効果が減るため、さらに大量に分泌される。すると血中のインスリン濃度が上がる（高インスリン血症）と同時に、インスリンが効かない「インスリン耐性」を生じるようになり、さらに高血糖が続いてしまう。こうして血管の内皮に炎症を起こしてしまう。高血糖は炎症を引き起こし、また炎症から生じる。高血糖自体を炎症と捉えることも可能である。そして一般的には、この高血糖状態のことを「糖尿病」と呼んでいる。

この場合、炎症と免疫はどのように捉えられるのか。

免疫は、異物を排除しようとする白血球のはたらきを指していた。右ではマクロファージと表記したが、これは白血球の一種であり、マクロファージが脂肪組織の「炎症」を治そうとする動き、それ自体が「免疫」なのである。このように炎症と免疫は一体化し不可分のものとなっている。

あえて単純化すれば、何らかの原因によって体の恒常性が壊れ、機能が十分でなくなっている状態を炎症と捉え、その不完全な状態から通常の状態へ回復させようとするはたらきを免疫と捉えることになる。

不安定から安定に、安定からまた不安定に

ブドウ糖は生体のエネルギー源である。血管を通して体中にエネルギー源が運ばれることは一見、生体の安定に寄与するようでありながら、エネルギー代謝（ブドウ糖分解）能の上限を超えてしまうと、血管を損傷し始めてしまう。しかもいったん始まると高血糖を止めるのは難しく、右に述べたようにインスリン耐性などを経て、安定性が少しずつ失われていってしまう。そういうことが起きないように膵臓からインスリンが分泌されているということもできる。

生き物の体を正常に保つうえで不可欠な「血糖を下げる」という機能は、このタンパク質だけにかかっている。非常に重い責任を負わされていると言わざるを得ない。反対に、血糖を上げる機能をもつタンパク質は、グルカゴン、アドレナリン、成長ホルモン、コルチゾルなどいくつもある。これは、ヒトは種としての歴史上、飢えている時間が長かったからであろう。飢えればブドウ糖は供給されず、血糖値は下がりがちになる。だから、体内に蓄えられた糖質（ブドウ糖か

らつくられたグリコーゲン）を使うよう促す機能を持ったタンパク質（ホルモン）が多くなる。また一方で、そもそも飢えがちで血糖値が上がること自体少ないため、わざわざそれを下げるホルモンの層を厚くする必要がなかったものと思われる。かつてはあくまで血糖値の低下が、個体の主要な不安定化の要因であった。

ところが今や少額の金と引き換えに、いつでもすぐに食べ物が手に入るようになっている。欧米や日本では人口の２割が糖尿病をもつと言われるほどである。このような環境下では事情が逆になる。空腹になればすぐに食べ物を摂れるし、空腹でないのに食欲をそそるものを食べてしまうことは少なくない。また、移動に車などを使えば運動の量も減ってしまう。つまり、現代社会では一般的に血糖値が下がることよりも上がることの方が多くなり、それが積み重なって肥満になる可能性が生じてきた（野生の動物には基本的に肥満はない）。これはヒトの長くない歴史上はじめてのことである。血糖値が上がりっぱなしになったり、肥満になったりすれば、右に見たように血管の損傷が起きる。現代は、血糖値の低下でなくむしろ上昇が、個体の主要な不安定化の要因なのである。そのような生き物も地球史（生命史）上、おそらく初めてだろう。

血糖は、減ると個体としての機能を損なう。そこから、機能を安定化させようと血糖を増やしていくと、一定の量までは増加が安定化に寄与する。しかしその量を超え、超えた状態が続くと、今度は血糖値の上昇によって血管が損傷されるなど機能が低下する。今度は増加が不安定化に寄与するようになるのである。

前節で述べた「恒常性」は防御システムが目指すところである。炎症と免疫はまさに、内外の変化に対して生理的条件を一定に保とうとする仕組みの、異なる側面であり、両方で「防御システム」を成している。このシステムは個体の安定化を目指す。その安定とは、「その個体らしく、健康で生き続けること」である。合成と分解の均衡が恒常性であったように、炎症と免疫からなる防御システムも、恒常性の重要な側面を成しているのである。

第3節　再生――幹細胞の「秘められた力」

損傷の再生

個体の恒常性として、第1に物質交代としての代謝（第1節）を、第2に免疫を含む炎症というはたらき（第2節）を見てきた。ここに挙げるのは第3のはたらき「再生」である。第1節や第2節でそれぞれ「代謝」「炎症」を見てきた際にそうしたように、ここでも「再生」をより広く捉えることで、恒常性の理解を十全にしておきたい。

再生は非常に「生き物らしい」生命現象である。そこには共通した原理に基づく、いくつかの

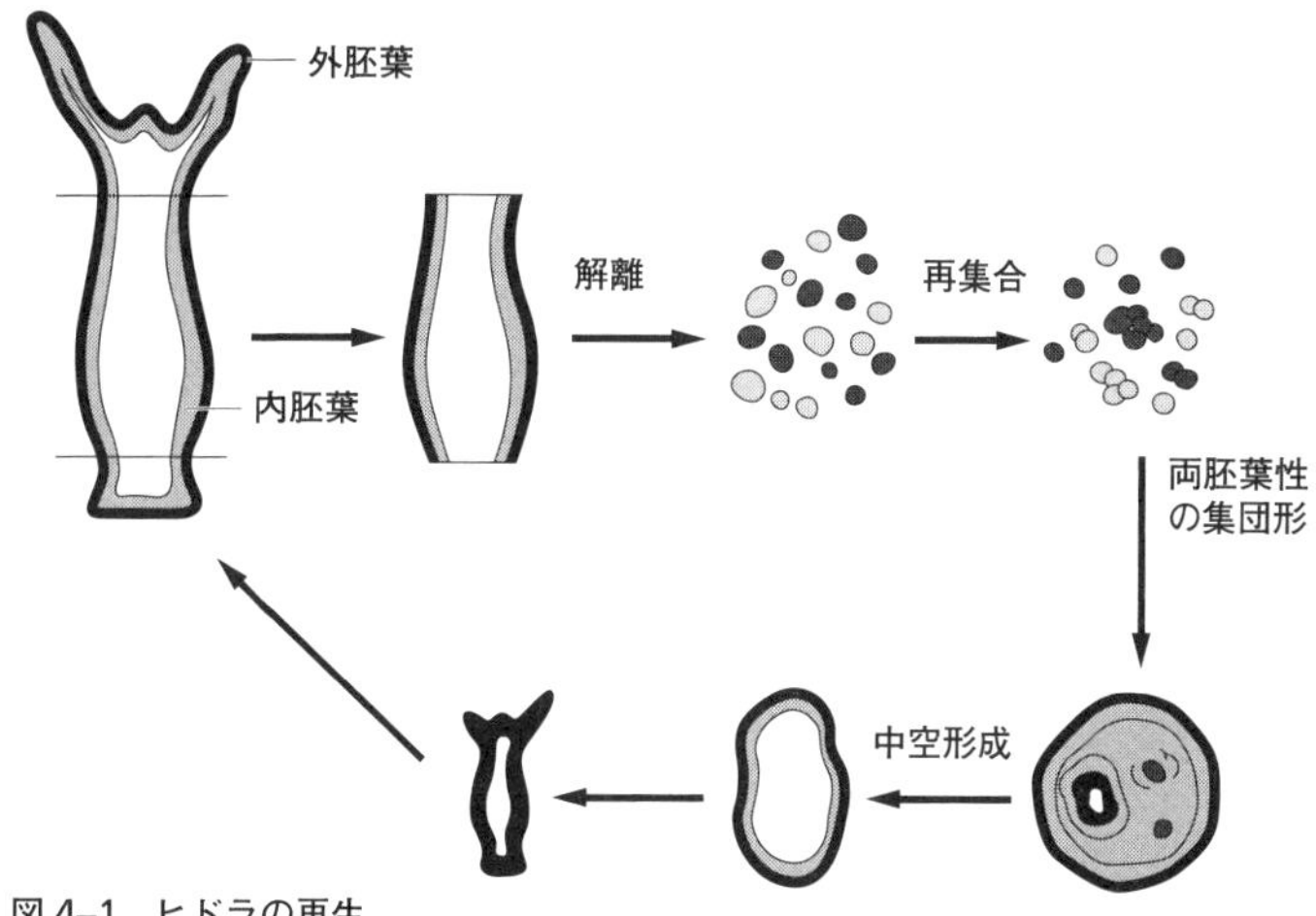

図 4–1　ヒドラの再生

局面がある。順を追って見ていこう。

生き物の体の再生と言えば、もっとも理解しやすいのが、「切れたしっぽがまた生えてくる」たぐいの再生だろう。これはトカゲを想定しているが、プラナリアやヒトデなども、体が損傷を受けた場合にその部分を修復して元通りの形状を回復する。プラナリアは体をいくつもの断片に切り分けても、そのそれぞれから完全な体を生じる。ヒトデは切られた腕1本から全体を回復する。トカゲのしっぽは、その骨までは再生しないが、何度かは繰り返しまた生えてくることが確認されている。筆者が長年親しんできた実験動物であるイモリも非常に強い再生能力をもっている（後述）。これを、「損傷の再生」と呼んでおこう。

中でもヒドラの再生能力は際立っている。ヒドラは淡水にすむ大きさ約5ミリの動物で、細胞およそ10万個から成る。どこを切っても元の形を再現するということは知られていたが、元の体積の200分の1にまで細分化しても再生した。さらに、図4―1のように、中央部分を切り取り、1個ずつの細胞に完全にバラし再び集合させて培養させると、また元のような形のヒドラが生じたのである。

植物の再生能力については、一般に動物より強いと考えることができるだろう。野菜では、ニンジンの根が顕著な例である。ニンジンを細かく切り刻んだあと、適当な培地の中で育てると、赤かった細片は脱分化して白色化する。そしてやがて大きな塊となり、そこから根や茎や葉ができて、また元のニンジンに戻るのである。

ネギの再生はもっと簡易に確認できる。根の部分を残しておいて水に漬ける、あるいは培養土に入れておくと、ある程度は伸びて新たに葉を再生する。また、このように切断面からというわけでなくても、少しずれた場所から再生してくるのが、木の切り株の脇から生えてくる蘖（ひこばえ）である。盆栽はこのはたらきを利用して成り立っている。

一般に、体の構成が単純な生き物ほど再生能力が高く、複雑化している生き物は再生能力が弱くなる。しかし複雑化した動物であるヒトにもそれに劣らない能力があることは忘れられがちである。簡単な怪我であれば人はまず完全に再生する。転んで膝をすりむいたとき、皮膚の表面はえぐられて血が出、本来あった組織は失われてしまっているが、1カ月もすれば跡形もなくなっているだろう。

より複雑な器官の再生もできる。肝臓には500種類を超える機能があるとされる。肝臓の機

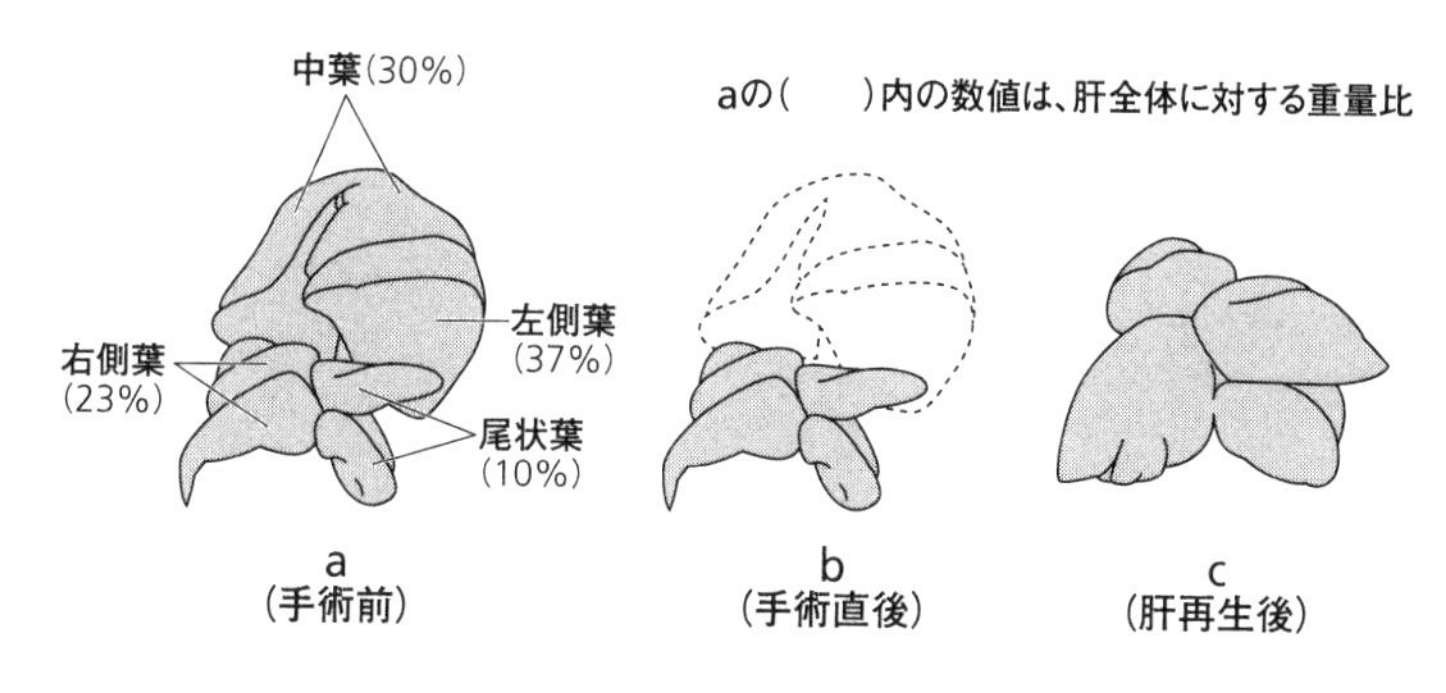

図 4–2　ラットの肝臓切除と再生肝

能が損なわれ、回復のために他の手段がないというときに、生体肝移植が行われる。提供されたほうはいわゆる拒否反応が問題となるし、そのリスクを減らすために拒否反応の起きにくい親子間で行われたりする。提供したほうは、場合によっては肝臓が以前の3割程度しか残らないということになる。提供者のその後に影響はないのか。

ギリシャ神話にプロメテウスという神が出てくる。彼は天上界の火を盗み、それを制御しきれないはずの人類に与えたとしてゼウスの怒りを買う。ゼウスの罰は苛酷で、プロメテウスを山頂にはりつけにし、毎日、鷲にその肝臓をついばませるというものだった。それだけでも神話は成り立つように思うが、より細かい描写がある。プロメテウスの肝臓は毎晩再生したというのである。これが肝臓の再生能力を知ったうえで語られていた話であったかどうか、判断することはできない。しかし肝臓は実際、非常に強い再生能力を示すのである。

肝臓は「代償性肥大」という現象を起こす。ヒトは、残った3割程度からでも、肝臓を元と同じ大きさにまで回復させることができる。切除を埋め合わせる（代償する）肥大化が見られるのである。[*6] ラットの例を見よう（図4−2）。肝切除の実験ではこのように「中葉」と「左側葉」を取るが、それらすべてを切除すると（b）、全体の重量は元の33％程度になる。これがどんどん肥大し、切除72時間後には71％にまで回復し、約3週間でほぼ手術前と同じ重量の肝臓になるまで回復してしまうのである（ヒトはここまで速くはない）。

腎臓の場合になると、こうまでうまくは行かない。2つある腎臓のうち1つを切除すると、残った方の腎臓がやはり代償性肥大を起こし、失われた片方が担っていた機能を補おうとする。腎臓は血液を濾過して老廃物を濾し取り、それを不要になった水と合わせて尿にする臓器だが、濾過の値自体は100％までは回復しないのである。いくらか肥大はして、当初よりも機能を上げることは確かだが、ほぼ完全な再生を示す肝臓とは異なっている。

肝臓は、その細胞数や重さを一定にするはたらきをもっている。腎臓は、そのはたらきを一定にしようとし、ある程度まで回復させる働きをもっている。体の構成が複雑なヒトでさえ、なくなった部分を補っていこうとする恒常性をもっている。これらはすりむいた膝の皮膚の再生と合わせて、すべて損傷の再生として捉えられる。

生理的再生——髪と爪が生え続ける理由

外的要因による損傷がまったくないときでも、「なくなった分が再生される」仕組みが、ヒトの体内ではたらいている。損傷の再生を「損傷→修復→復元」とすれば、こちらは「消失→形成→復元」という流れになる。これはすでに本章でやや詳しく述べてある。

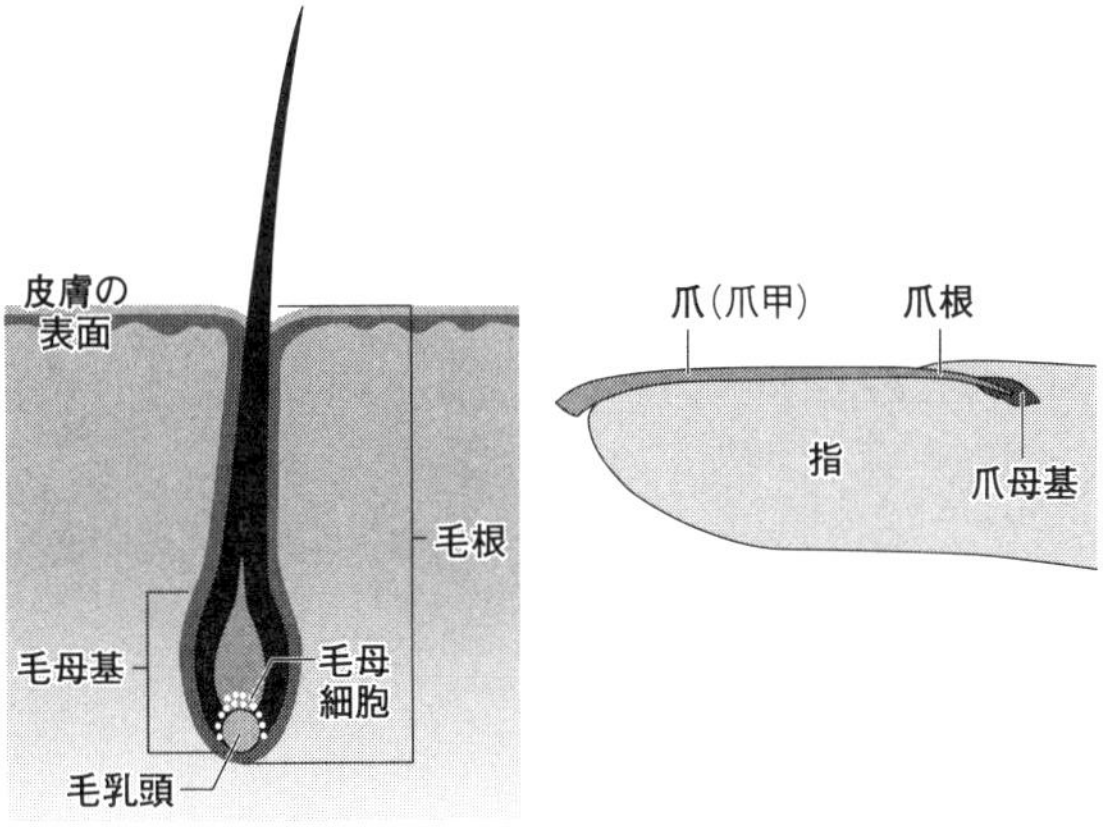

図4–3　毛母基（左）と爪母基（右）

この再生の場は全身に及ぶ。切っても切っても伸び続ける髪と爪。頬の内側を綿棒で掻き取って顕微鏡に映せば見える、口腔内の上皮細胞。寿命（細胞周期）が39時間の腸の上皮細胞。寿命は4カ月程度あるが、1秒間あたり約230万個が壊され、同時に同じ数がつくられている赤血球。これらすべては、除去されたり剝がれ落ちたり分解されたりしながら、基本的にはその無くなった分だけが、新たにつくり出されるという再生である。

髪や爪が伸びることと、切除された体の一部が元通りになることとは、論理的には同じ仕組みによって可能になっている。主役は「幹細胞」である。これは次項であつかう再生医療の原理に直結している。

そもそも髪の毛はなぜ生え続けるのか。髪は平均で一日に0・3ミリ伸びると言われる。1カ月で1センチ弱伸びる計算になる。髪の毛の根元を細かく見てみよう。皮膚の下に埋もれている部分を毛根という。この最深部が毛母基(もうぼき)で、ここにある毛母細胞が毛髪の幹細胞になる。ここで盛んに複製が起きて、ケラチンを主成分とする細胞が徐々に外へ押し出され、のちに死んで固くなったまま伸び続けることになる。

これとほぼ同じことが爪にでも見られる。爪の根元の皮膚の下には爪母基(そうぼき)があり、ここで複製が起きて、死んだ細胞はケラチンの固い部分を残して少しずつ押し出され、1日に約0・1ミリの速さで伸びる。髪と爪は、ケラチンというタンパク質を大きな共通点として持ちながら、いずれも幹細胞の能力によって生理的再生を繰り返している。

組織の「秘められた力」

肝臓の一部が、手術などで〝きれいに〟切除されるようなことは、自然界では考えられない。さまざまな理由で肝臓に障害が生じて機能が低下するというのが通常である。この肝障害に際して肝臓は再生を行うが、この障害の事実が、「FGF7」と呼ばれるサイトカインによって伝達される。

FGF7は肝臓にある「間葉系細胞」の中で産生されたものである。ホルモンと同様、サイトカインもそれと特異的に適合する受容器と反応する。ＦＧＦ７は「ＦＧＦ受容体２ｂ」と適合する。この受容器は、ある種の細胞の表面に備わっている。

この「ある種の細胞」が、これまで幾度か述べてきた幹細胞である。厳密に言うと、幹細胞と同じ働きを担う前駆細胞（肝前駆細胞）であり、「オーバル細胞」と呼ばれている。このオーバル細胞は未分化であり、これが複製され、また分化していくことで肝臓は代償的に肥大を実現するのである。

このように書いたが、この一連の仕組みの解明はまだ研究途上にあり、実は分からないこともまだ多い。ほんの10年前までは、肝臓の代償性肥大は前駆細胞の働きなどではなく、残された組織が肥大したり（つまり腎臓と同じ仕組み）、あるいは複製されたりしたものであり、未分化細胞のはたらきによるものではないというのが半ば定説化していたほどである。最近の研究では右のように、肝障害がＦＧＦ７によって前駆細胞へ伝達され、活性化された前駆細胞が複製されて分化することでも肝再生が行われていると考えられている。

伝達は第１節で述べた「フィードバックシステム」の一環である。このシステムが作動したときに、幹細胞（前駆細胞）は「秘められた力」を発揮する。すなわち、いままで眠っていた分化能が呼び覚まされる。どういうことか。

通常、肝臓の細胞は生理的な再生を続ける。赤血球などと同様、絶えず破壊と合成が行われており、ヒトの肝細胞は１５０日（細胞周期）の間にすっかり入れ替わる。先に、赤血球の再生を担う存在として骨髄内の造血幹細胞について述べたが、幹細胞は全身にある。心臓には心臓の、脳には脳の、筋肉には筋肉の幹細胞がある。それぞれの場所にはそれぞれの細胞をつくりだす幹細胞があるからこそ、細胞は複製されて増え、体は恒常性を保っている。この幹細胞は時間の経過とともに徐々に働かなくなっていってしまう。つまり再生能力を落としていき、補われるべき細胞を補いきれなくなってくる。これによって器官の機能が落ち、それが「老化」現象として現れるのである。

肝臓でこの機能を担うのは「肝幹細胞」である。肝幹細胞と、右に述べた肝前駆細胞は同一ではないが、肝細胞を再生する上で同じ役割を担っている。肝細胞の破壊と肝幹細胞・肝前駆細胞による合成は均衡している。しかし、切除や障害によって肝機能が損なわれると、これらの細胞に対してFGF7などのサイトカインが働きかけるというフィードバックが起きる。これを受けて肝幹細胞・肝前駆細胞は「眠っていた」力を呼び覚まし、それまでの均衡を破り、合成の速度を上げるのである。こうして体の恒常性が実現される。肝再生の主役はこのように幹細胞（類）なのである。

イモリの肢再生

肝臓の再生に比べればシンプルなのが、本節冒頭で挙げた、動物における損傷の再生である。

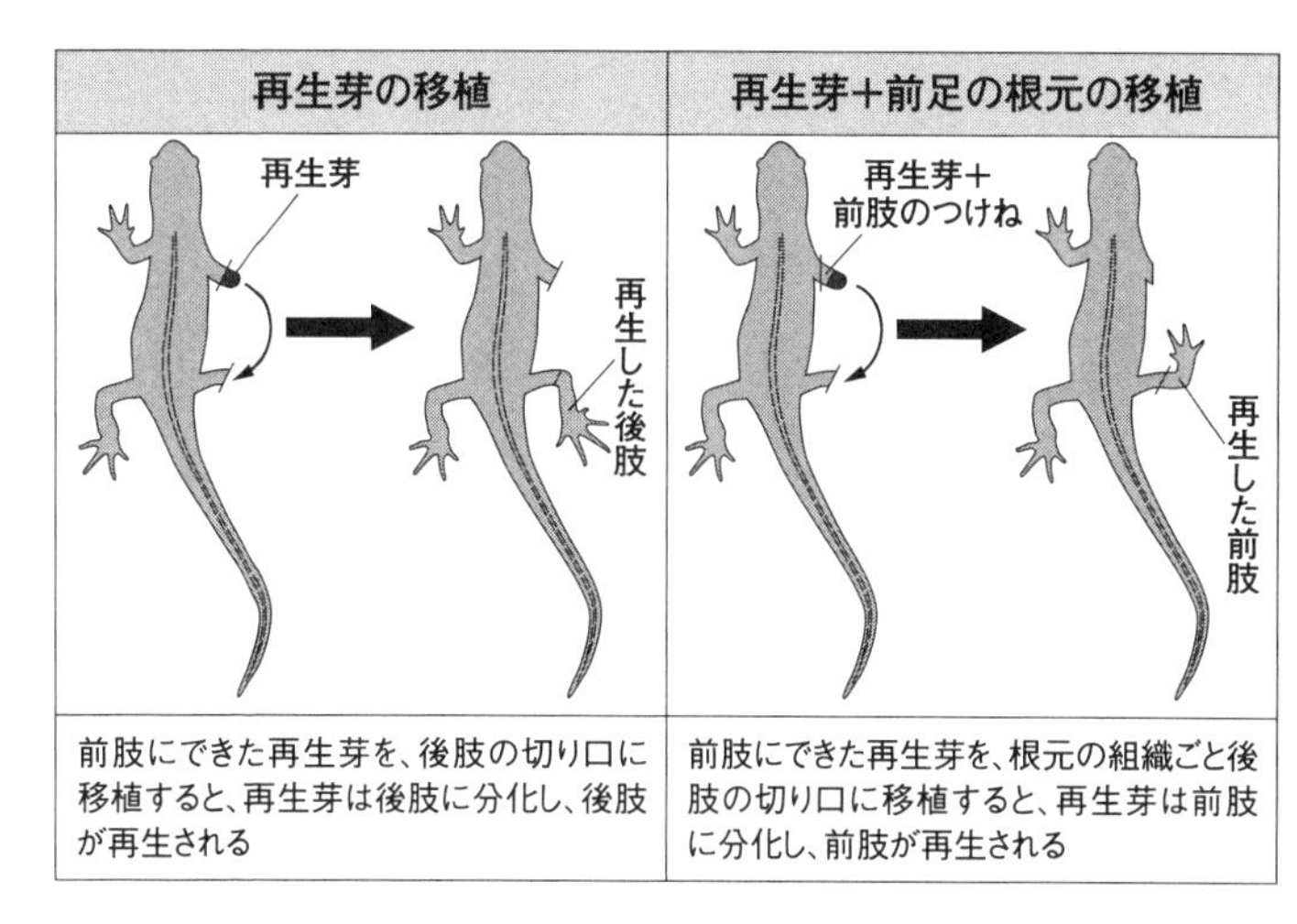

図 4–4　イモリの再生実験における再生芽の役割の検証

筆者が長らく実験動物としてつきあってきたイモリは、生涯にわたって何度でも肢を再生できるという独特の能力を有している。イモリは両生類の有尾目に属するが、例えば同じ両生類の無尾目であるカエルの成体にこのような能力はない。

実験でイモリの前肢を切断すると、修復が始まる。切断面から再生してきた部分を再生芽(が)という。このとき後肢も切断し、そこへ前肢の再生芽を切り取って移植すると、前肢として再生し始めていたにもかかわらず、再生芽は後肢へと生長したのである(図4―4)。切断面から体の方へ向かう部分を「再生の場」と呼ぶが、再生の場は、そこが体のどの部分にあたるかという位置情報をもっている。そのため前肢の再生芽がつくられる修復の間は、そこへ前肢としての位置情報が伝えられているが、後肢へ付け替えられると、後肢の切断面付近という再生の場から、後肢だという位置情報が伝達され、その時点から後肢へと変化していってしまうのである。この柔軟性には驚くべきものがある。

この効果をさらに確かめるために、別の個体で同様に前肢を切断し、再生芽の生長を待って、今度は再生芽を、その根元の部分（つまり再生の場も含めて）とともに切り取り、後肢の切断面へ移植してみた。すると、後肢部分に前肢が再生されてしまったのである。

何が起きたのか。当初、再生芽は前肢になるべく生長中であった。そうなるように指令を出していたのが前肢部分の再生の場である。そして、この再生の場（根元部分）ごと切り取られたため、後肢部分に付け替えられたときも、前肢の根元部分と再生芽は当初の（前肢としての）情報を保持して生長を続けた。こうして後肢部分に前肢が再生したのであった。

以上は、損傷部分から流れてきたサイトカインが幹細胞を動かし、動いた先で複製・増殖を繰り返して肢に育つ過程と、そこへ作用する細胞が持つ位置情報の証明となったのである。

２０１６年、この再生が、場合によっては幹細胞によるものではないことが明らかにされた。[*7]幹細胞の特徴は、未分化ということである。まだ何にでもなれる未分化細胞に、ソニックヘッジホッグやＦＧＦ８といったサイトカインが働いて、それに誘導されるままにそれぞれの形に分化していくのである。[*8]新たに分かったのは、イモリは幼生期と成体期で再生の仕組みを切り替えているということである。幼生期には右のように幹細胞による仕組みが使われる。幹細胞が複製されて前駆細胞になり、前駆細胞も複製されて分化の最終形態へ至る。

ところが、イモリは成体になるとこの仕組みを使わない。図4—5は切断後の細胞が変化する様子を示したものだが、切断直後（a）の状態から時間が経つと、再生芽が形成される（b）。このとき再生芽の内側では、肢を構成していた各細胞がくずれ始めて、未分化細胞に似た状態になってくる。これを脱分化と言うが、脱分化は切断面の反対側へと進み、本来無傷だった組織も未分化状態に〝戻して〟しまう。そうしてあるところで止まると反転し、再び各種の細胞への分化が起きて（c）、おおよそ3～4カ月後には元通りに肢が再生される（d）のである。

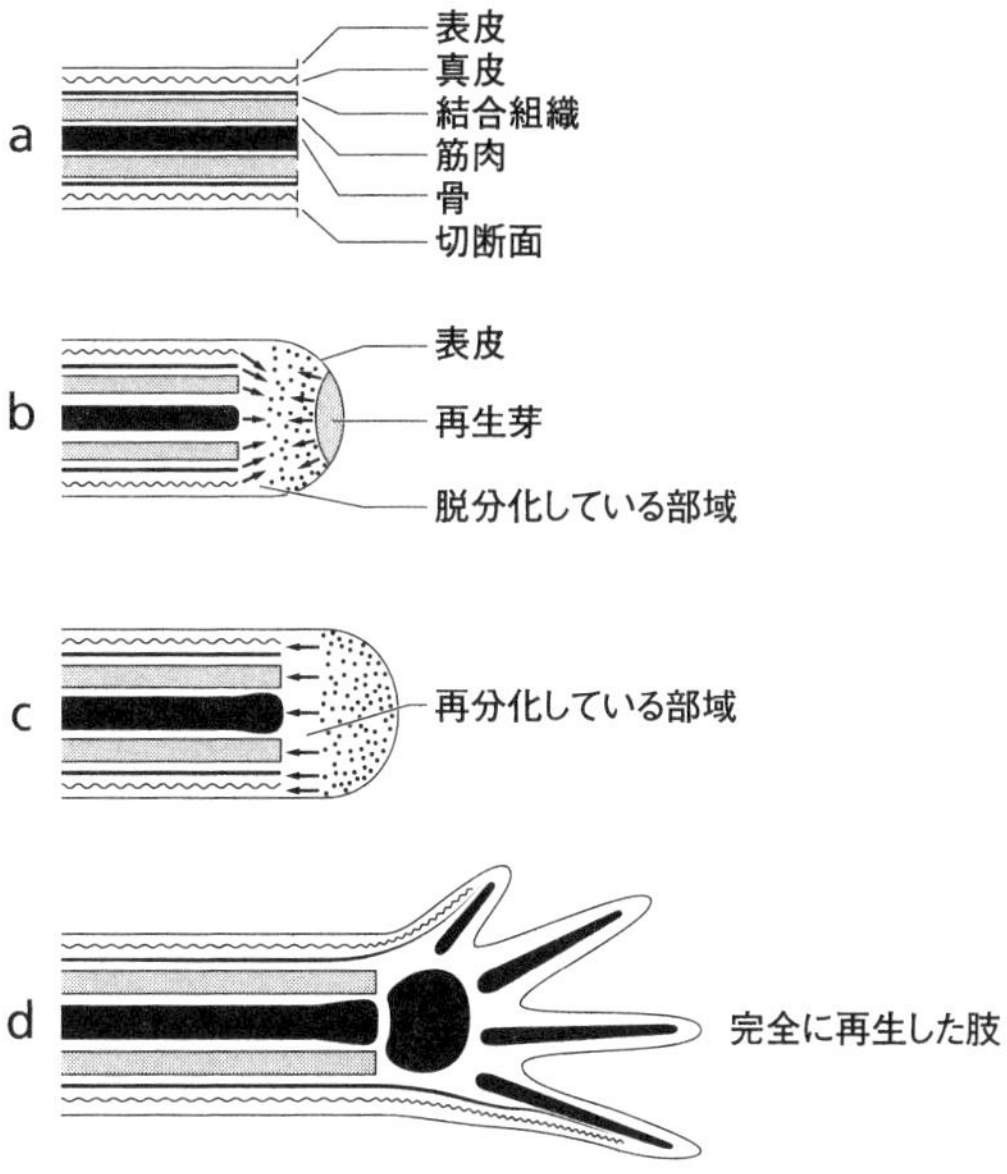

図4–5　イモリの再生実験における再生芽の役割の検証

　つまり、右に見た実験において前肢が再生したのは幹細胞というよりも脱分化細胞の働きによるものだったのである。なぜ幹細胞の仕組みを使わずに、いったん分化した細胞を、時間を遡るように脱分化してから再分化し再生するというプロセスを経るようになったのか、その答えは簡単には得られないだろう。少なくとも言えることが2つある。成熟後、幹細胞ではなく脱分化細胞を再生に使うことが、イモリの強い再生能力につながっていること。そして、加齢に従って幹細胞の再生能力が衰えてしまうヒトにとって、幹細胞によらない形での再生能力の回復の仕組みを解明することは、非常に重要な意義をもつということである。

未分化細胞を使う再生医療

こうした未分化細胞の能力に着目して現在、世界中で大きく発展しているのが再生医療である。日本では2000年代から山中伸弥氏がリードし、人工の、分化多能性をもつ幹細胞（induced Pluripotent Stem cells：iPS細胞）の研究が進んできた。山中氏のノーベル生理学・医学賞受賞（2012年）以降とくに盛んになっているiPS細胞の話題は、まずこの再生医療の文脈で理解する必要がある。

日本で再生医療というときはほぼiPS細胞の話題になるが、世界に視野を広げれば、この研究の対象となる幹細胞には、ほかに胚性幹細胞（Embryonic Stem cells：ES細胞）と、体性幹細胞（英語ではsomatic stem cellsと呼ばれる）がある。ES細胞はヒトの受精卵が胚になった段階のものを使い、体性幹細胞は、これまで述べてきた造血幹細胞や肝幹細胞のほか、第2章で見た中胚葉に由来する「間葉系幹細胞」のことである。いずれも共通点としては、体が失った機能を取り戻すために、体内で分化し新たな器官を形成することが期待される幹細胞である。

すでに実用化されているのは体性幹細胞である。間葉系幹細胞がとくに顕著で、これから培養した骨髄幹細胞や軟骨細胞の移植、間葉系幹細胞の一種である脂肪幹細胞を移植する乳房再建手術などが行われている。体性幹細胞はがん化しにくいことが大きな要因である。なおアメリカでは一部でES細胞からの実用化も実現している。

生き物の体はさまざまな理由で機能に障害を来す。このうち大きな原因の1つが、自己再生能力の喪失である。例えば前記の高血糖症は、血糖を下げるインスリンの不足が直接の原因であり、インスリン不足の原因はといえば、インスリンをつくる「β細胞」という、膵臓のランゲルハンス島にある細胞が機能しないことにある。この機能不全が続けば、生体は糖尿病の症状を来しはじめる。ここまでの流れは不安定化である。

このときインスリン注射といって、血糖を下げるインスリンを人為的に注入する手段もある。実際に糖尿病の患者には常時注射器を持ち歩き、食事のたびごとに自分で腹部に注射をする人もいる。しかしこれを毎食後に続ける困難を考えると、ランゲルハンス島の機能を十全にし、インスリンが産生されるようにしたほうがずっと手間がかからないのは明らかである。糖尿病の治療研究はこれまでも、このインスリン産生を上げることを中心に進められてきた。

まず行われたのはランゲルハンス島の移植（生体膵島移植）である。いわゆるドナー登録をしていた心肺停止者から行われるものと、健常なドナーから行われるものとがあり、後者は何回かに分けて提供を受ける必要があるが、どちらにせよ数年後にインスリン注射を再開しなければならなくなるケースが少なくなかった。[*9] 生体膵島移植は決して無意味な試みではないが、提供という大きなコストをかけてさえ効果が数年しか続かない可能性があれば、これ以外の方法が追求されるのも自然なことであろう。

他の多くの臓器不全でも同様だが、ここで浮上してきたのが、インスリン産生にかかわる細胞そのものをつくり出すという方法だった。細胞をつくるといっても、まだヒトは科学技術をもってしても細胞をつくり出すことはできない。細胞をつくる主役は、未分化細胞であった。

炎症と分化能

移植では、近年改善されたとはいえ、今なお免疫の問題が払拭されていない。前節で述べたように、他人由来で、自己のものではない組織・細胞に対しては、免疫系がそれを（正しくも）異物であると認識し、攻撃することによって炎症が起きてしまう。いわゆる拒絶反応である。拒絶反応を回避し、炎症をなくすために、これまで多くの試みがなされてきた。ちなみに、自己由来の細胞を自家細胞、他人由来のものを他家細胞という。再生医療もこの炎症を回避するために追求されてきた。発生初期の胚の細胞は、「あらゆるものになることができる」という意味でよく万能細胞とも呼ばれる。

・iPS細胞以前に万能細胞研究の中心だったES細胞では、胚を使うため、受精卵以降を生命とみなす立場が優勢な中、そのまま分化が進めば個体（生命）になったはずの存在を中断させてしまうとして倫理を問われていた。これに対して米政府は2001年に「ES細胞研究に公費を支出しない」という決定を行い、同年に日本でも文部科学省により指針が定められた（2007年に改正）。これによるとES細胞研究に使ってよい胚の要件は、不妊治療のために凍結保存された受精胚で、母胎に戻さないことが決まっており、ES細胞研究に使われることの説明と同意があったもの、そして凍結期間を除いて受精後14日以内のもの、というものである。

しかし、もとになる胚が必ず他人のものである以上、基本的には炎症を避けられないという問題に変わりはない。そこで考えられたのが核移植であった。

受精胚の核をピンセットのような装置で取り除き、代わりに患者の体由来の細胞（皮膚細胞など）の核を入れる。こうすれば核内の遺伝子は患者のものと同一になり、免疫系がこの細胞を異物であると認識することはなくなり、炎症を避けられる。そのうえで胚としての分化万能性（何にでもなれること）を確保できているという、理想的な幹細胞ができることになったのである。ただし、核移植によって細胞を初期化して万能性を持たせることのできる割合（成功率）は今のところ数％である。実用化への道はまだ険しいと言えるだろう。

iPS細胞の仕組み

これに対してiPS細胞は、当初から自家の皮膚細胞などを使っていたため、将来的に疾患部分へ移植した際、免疫系が炎症を起こす可能性はかぎりなく低いと思われていた。いまヒトの体表面にある皮膚細胞は、少し前には表皮幹細胞であった。これが複製され増殖して皮膚の形に分化したのである。さらに遡れば、表皮幹細胞は外胚葉であった。外胚葉が複製・増殖して表皮幹細胞になっていたのである。iPS細胞とは、この経路——時間の経過に沿った分裂の経路——を遡って初期化を起こし、万能細胞をつくろうとする大胆な試みであり、科学的には大きな功績である。ES細胞であれば、しかるべき環境下に放置しておけば、時間の経過に沿って自然と生き物の形になるが、この「時間の経過」をいわばリセットするのがiPS細胞である。

2006年に一躍世界の研究の最前線に躍り出た山中氏の功績は第一に、非常にシンプルなリセット方法を発見したことにあるだろう。どうやってリセットするのか。まず、それ以前に、ES細胞と体細胞を融合させる試みがあった。そうすると分化済みの体細胞は「初期化」され、分化以前の状態に戻ることが発見されていた。このことから、ES細胞の中には、分化誘導（指令）をキャンセルしてしまう因子（DNA中の特定の配列＝遺伝子）があることが推測された。この因子を24に絞り、個別に試していって、1つの因子だけでは効果がないことを確かめた。逆に24因子すべてを一度に試したところ、非常に低効率ながら、ES細胞に似た細胞、すなわちiPS

細胞が現れた。そこから1因子ずつを抜いた23因子の組み合わせを24通り試したところ、4通りの場合にｉＰＳ細胞ができなくなった。すなわちＯｃｔ３／４を抜いた場合、Ｓｏｘ２を抜いた場合、Ｋｌｆ４を抜いた場合、ｃ-Ｍｙｃを抜いた場合の４つである。この４因子がｉＰＳ細胞を作るのに必須であることが予想された。そして、この４つの遺伝子だけを組み合わせてもｉＰＳ細胞ができることがわかった。

これら４つの転写因子はヒトで言えばすべて別々の染色体の中に含まれる、ＤＮＡの一部分である。[*10]これらの因子をＲＮＡウイルスに「乗せて」、マウスの線維芽細胞のＤＮＡ内に取りこませる（逆転写させる）ことで、線維芽細胞が多能性の幹細胞へと変化した。現在では、ＲＮＡウイルス以外のＤＮＡプラスミドやＲＮＡそのものでも、ｉＰＳ細胞を作ることができることが分かっている。

難航する医療応用

人類の科学技術はここまで進んだかと、あらためて感心されるかもしれない。しかしこうした高等技術の前途は洋々というわけではない。

日本が世界の最前線であるところのｉＰＳ細胞研究では、２０１４年に1例、黄斑変性症の患者に対する網膜色素上皮細胞の移植に成功している。黄斑とは眼球の中の網膜の中央部分で、ここが加齢によって異常を起こすと、視界の中心が暗くなったり、ものが歪んで見えたり、ぼやけて見えたりする（黄斑変性症）。この網膜の細胞が健常に再生されれば、こうした症状に進まなくてすむ。この網膜へ、ｉＰＳ細胞由来の網膜色素上皮細胞が移植され、術後の経過も問題ないようである。しかしその後、ゲノムに傷がない安全性の高いｉＰＳ細胞株を作製するのが難しく、とくにエピジェネティックな変化が多く見られた。その後は２０１６年現在、２例目の計画が中断されたままであることは、再生医療研究の難しさを窺わせる。端的には、培養する細胞が、がん化してしまう危険性があるのである。

一方、世界では、ＥＳ細胞も研究によく用いられている。しかし、ＥＳ細胞を用いた医療応用でも、確立された治療法はまだない。とはいえ、ＥＳ細胞は開発段階が「臨床前→フェーズ１→フェーズ２→フェーズ３→承認」とランク付けされており、２０１５年時点で「フェーズ１からフェーズ２」の段階（というのも曖昧ではあるが）まで進んでいるものが、すでにいくつかある。[*11]適応症はＩ型糖尿病、心不全、脊髄損傷などのほか、ｉＰＳ細胞と同様、網膜の黄斑変性症が多いようである。黄斑変性症に対しては、いくつかの研究機関、製薬会社、研究者が並行して、ヒトＥＳ細胞由来の「網膜色素上皮細胞」を作り、治験が進められている段階である。今後はｉＰＳ細胞、ＥＳ細胞、体性幹細胞の３つの幹細胞について、各々の特長を活かしながらバランスよく研究を進めていくことが肝要であろう。こうした再生医療の行く末については、ナチュラル・ヒストリーという概念と絡めて、終章で改めて考えてみたい。

本章は生き物の恒常性という観点から、体における物質の入れ替わり、異物の排除、器官と機能の再生について見てきた。恒常性を一種の安定状態と見るならば、この安定が巧妙かつダイナミックな動きの上に成り立つ均衡であることが実感をもって理解してもらえただろうか。生き物の体を目的論的に見ることは科学者に許されることではないが、生体は強烈なまでに「安定性」を「志向」している。そして、それを成り立たせている個別の動きだけを見ればそれは一方的で過剰なものにも見える。赤血球を1秒間に230万個作るのは……おかしな言い方になるが、そこまでやる「必要がある」のだろうか。愚問だろう。たまたまそうなった生き物が、たまたま今こうして生きているだけのことである。生き物の体は、決して合理的とか、巧妙に出来上がっているのではない。何かは過剰であったりするし、その動きだけが突出してしまえば、新たな不安定化を招いてしまう。iPS細胞をつくり出した遺伝子の1つc-Mycは本来がんをつくりかねない遺伝子である。もしこれだけが突出して働いてしまったら、がん化が進行するだけであろう。

ヒトを含め、生き物はさまざまな理由によって機能に障害を来たし、個体として不安定になっていく。それは次章で述べる老化の一側面である場合も多い。しかし、他の動物ならともかく、ヒトはそれを素直には受け入れようとしない生き物である。だからこそ、遺伝子を人為的に改変するという段階にまでテクノロジーを進歩させた。この医療が成功すれば、当面は個として、また種としても、生命は安定化の方向に向かうことができるだろう。

いま先進国と呼ばれる国の人々が、臓器の病をすべて再生医療で解決できると思うようになったらどうだろうか。「リセット」という言葉をつかったが、臓器はリセットできるだろうか。さらに、もし本当に人々が体のいろいろな部位を再生医療によって部分的にでも「リニューアル」するようになったとしたら、どうだろうか。

今まで薬だけでは治せなかった病気を、細胞の再生力を用いて治そうとする再生医療の試みは、各器官や組織の部分的な修復による機能改善の範囲内で考えられるものである。だから、内臓など器官全部の取り替えということには、現時点では慎重でなければならないというのが筆者の考えである。なお最近、「再生医療」という言葉はいろいろな意味に使われるようになっているので注意が必要であろう。

前節の最後で血糖値の高低について、不安定から安定へ、それを越えると再び不安定へ、という流れを思い描いた。ここまで述べてきた「身体器官の機能不全↓免疫系にも適合的な再生による修復」という流れは、「不安定化↓再安定化」の流れに見える。再生医療がこれから困難を乗り越えて目覚ましく発展し、こうした流れがある程度一般化すると仮定しよう。しかし、個体としての「再安定化」を追求することのような試みが、将来、予想もしない形での「不安定化」をもたらす可能性が、ないとも思えないのである。

註

＊1 http://econtent.hogrefe.com/doi/abs/10.1024/0300-9831/a000064?url_ver=Z39.88-2003&rfr_id=ori:rid:crossref.org&rfr_dat=cr_pub%3dpubmed.

＊2 http://www.jbc.org/content/276/46/42619.

＊3 http://www.nature.com/nature/journal/v432/n7020/full/nature03029.html.

＊4 http://www.nature.com/ni/journal/v14/n12/full/ni.2762.html.

＊5 鹿児島大学の西尾善彦氏によれば、高血糖は酸化ストレスを増やし、血管内皮の機能を低下させることによって血管を詰まりやすくしていることが考えられる。https://jp.diabetes.sunstar.com/expert/interview02.html.

＊6 プロメテウスのたとえも含めて、伊藤暢・宮島篤「肝臓の再生を担う肝前駆細胞とその制御機構」。http://leading.lifesciencedb.jp/2-e007/.

＊7 筑波大学の千葉親文・田中響両氏による報告。２０１６年3月。http://www.tsukuba.ac.jp/wp-content/uploads/160330chiba1.pdf.

＊8 http://www.nature.com/nature/journal/v533/n7603/full/nature17972.html.

＊9 免疫上の拒否反応が最大の問題であったが、これは近年、改善を見ている。

＊10 Ｏｃｔ３／４は第6染色体、Ｓｏｘ２は第3染色体、Ｋｌｆ４は第9染色体、ｃ-Ｍｙｃは第8染色体にある。ｃ-Ｍｙｃはがん原遺伝子の一種であり、細胞増殖に重要な役割を果たす。

＊11 Trounson, A., McDonald, C., "Stem Cell Therapies in Clinical Trials: Progress and Challenges", *Cell Stem Cell*, 17(1), 2015, pp. 11-22.

第5章
老化と寿命を考える

第1節　老化とは何か

生老病死と自然の摂理

生老病死とは仏教の言葉である。生きること（あるいは生まれること）、老いること、病を得ること、死ぬこと、すべて人間にとって苦しみであるという立場から、四苦とも呼ばれる。

原始仏教の教えには、現代科学の眼から見ても妥当と思われるものがある。生老病死という考え方についていえば、それが本当に個体や種全体にとって苦しみであるかどうかは主観的な問題だとしても、生き物は基本的にすべて、生まれれば遅かれ早かれ老い、多くのものは病を得て、死んでいく。このことは確かであり、まさに自然の摂理である。

2500年ほど前のインドで、のちにブッダと呼ばれる青年が、右のような事実認識に立ってヒトはいかに生きるべきかと問うたのが、仏教の始まりであった。本章はこれと同様に、ヒトはどのように生きるべきかという問いを根底に置きながら、生き物はどのように「死んでいく」のかを述べていきたい。そうして、発生から死までの個体現象の本質を解き明かしてみたい。

老化という不安定化

およそ2200年前に中国を初めて統一した始皇帝には、ブッダのような発想はなかった——いや、あったのかもしれないが、中国の皇帝という特別な地位につくことができた自分だけは、この摂理を免れることができるはずと考えたのかもしれない。彼は徐福という人物を「東方」すなわち現在の日本の方向へ派遣して不老長寿の薬を求めさせた。

このように、老いたくない、寿命を延ばしたい、死にたくないという願いは普遍的なものである。そして、それが「叶わぬ夢」であることを私たちは経験的に知っている。よく「不老不死」と言うが、老いた先に死があるから並列されるのであって、言葉の意味としては不老と不死は違う。近年の医療研究の進歩をみると、不老と不死を分ける必要があるのではないかと思わせられる。つまり、「不死」は不可能としても、「不老」と呼べる状態を本来より長期間にわたって維持することは、ヒトには不可能ではないことがわかってきたからである。死なない個体はない。これは自然の摂理である。しかし、少なくとも部分的には老いにくい個体がある。

前章で述べた再生医療がもし狙い通りに実現されたなら、例えば肝機能に異常を来した人の皮膚細胞を初期化して、誘導により完全な肝臓を別につくることができ、生体肝移植のように、皮膚細胞由来の肝臓を、異常のある肝臓と取り替えることができる。

肝臓については前章で肝幹細胞が存在することを述べたが、肝臓を構成する細胞には、代謝を司る主要ないわゆる「肝細胞」をはじめ、「肝星細胞」、「類洞内皮細胞」など数種類あることが知られる。肝幹細胞がどのようにこれらの細胞へ分化していくのかについては、現在、さまざまな誘導のメカニズムの解明が試みられている段階である。そして重要なのは、何がどの細胞を分化誘導するのかが未確定であるだけでなく、肝幹細胞がどれなのかもまだ確定できていないということである。肝幹細胞が数種類あることも考えられるし、1つの幹細胞からすべての肝細胞が生み出されているかもしれない。また、肝臓の外にあって肝臓の諸細胞に分化したり、それを制御したりする細胞が存在する可能性も示唆されている。現段階で言えるのは大枠ではここまでであろう。

幹細胞が増殖・分化しつづけることは体の恒常性の一部であり、これが確保されることで生体は安定するが、残念ながら永続はしない。何らかの理由によって幹細胞が障害され、器官の機能が低下していく。もちろん短期の不調や軽い疾患という不安定化は頻繁に起きるし、そのたびに恒常性がはたらいて、安定状態に復旧する。この繰り返しは続くのであるが、長期的に――特にその生き物の寿命というスパンで――見た場合、徐々に、幹細胞の機能は不安定化していく。新たな細胞を生み出す増殖能力は落ち、生み出された細胞の機能、例えば、肝臓であれば、毒物の代謝機能なども落ちてくる。「生体の一生が進むにつれて生じる全体的な不安定化の傾向」、これが生き物にとっての「老化」の実体である。意外かもしれないが、老化の現象と原因の分析はまだまだ研究途上にある。この節では、めぼしい説をいくつか取り上げておきたい。

幹細胞の活性化と不活化

老化の研究では20世紀半ばから、血液に関して非常に興味深い研究が行われてきた。それは、若い個体と老いた個体の血液を交換するという実験である。

ややセンセーショナルにも聞こえるが、この実験は近年も繰り返されてきた。マウスやラットの若い個体と老いた個体とで、互いの血管を縫合して血液を循環させてしまうのである。この実験手法をパラビオーシスという。

老いたほう、つまり若い血液を入れられたほうは、筋肉や肝臓の幹細胞の活性が上がった。[*1]また、神経細胞の新生する数を数えると、老いた個体では新生数が上がり、若い個体では新生数が下がるという結果も出た。[*2]傷の治りが早まる、細胞が新生するなどの変化が観察されたのである。

端的に言えば、老人の体に若者の血を入れたら老人が若返ったということである。これほど分かりやすく人目を引く研究はそうあるものではない。ここで示唆されたのは、血液中に他の組織の幹細胞を活性化する何らかの物質が含まれているということである。血液中に含まれることから、これを液性因子と呼ぶことがある。

この実験で対象となった傷とは骨折であった。骨折を治すのは骨を作る骨芽細胞である。骨芽細胞は幹細胞ではなく、間葉系幹細胞が分化したものである。早く骨折を治すには、骨芽細胞を増やす必要があるが、そのためには間葉系幹細胞を活性化しなければならない。

老化とは幹細胞の不活化であると先に述べたが、若い血を入れられた個体の骨折の治りが早まったのは、この間葉系幹細胞の活性化が起こり、さらに骨芽細胞の増加が起こったからである。若い血液に含まれる活性化物質は、ある種の液性因子（血漿の中の生理活性物質）であるとみられる。そして、間葉系幹細胞を含むはずの骨髄を移植することによっても、同様に骨折の治りが早くなることもわかった。ただしそれが具体的にどの液性因子であるかは不明なままである。

逆に、老いた血を入れられた若い個体では認知機能が弱まった。これは、老いた個体の血の中に、神経細胞の新生を抑えるような物質が含まれているためと考えられた。この物質を特定するのは容易なことではないが、第一に「老いるにしたがって増えるタンパク質」をリストアップし、第二に「老いた血を入れられたことで若い個体中に増えたタンパク質」をリストアップして、両方のリストに含まれるものをまず6種類――CCL2、CCL11、CCL12、CCL19、ハプトグロビン、マイクログロブリン——特定した。その中で、神経幹細胞に働きかけて細胞の新生を阻んだものとして選ばれたのが、ＣＣＬ11というケモカインである。ケモカインとは、炎症に関連して産生され、白血球を傷の「現場」に遊走させる働きを持つサイトカインの一種で、ごく微量で生理的な活性化を起こすタンパク質である。

このように、老いた個体を若返らせ、また若い個体を老いさせた物質は、いずれも微量のタンパク質（サイトカイン）であると考えられた。幹細胞の活性化・不活化、すなわち生き物の体の若返りと老化は、サイトカインの種類と量によって主に引き起こされているのである。ちなみにこの「パラビオーシスラット」で、一方の肝臓を完全に除去すると、もう一方のラットでは肝臓が肥大することも知られている。異なる個体間でも損傷情報が伝達され、代償性肥大が起こるのである。

老いと炎症

右の実験で「炎症に関わる物質」が重要な役割を担ったのはなぜか。それは、生き物は老いると体のあちこちで慢性的な炎症が起きるようになるからである。かつては、老いる過程で何か疾患を抱えたために炎症が起きるとされていた。しかし近年では逆に、慢性的な炎症がさまざまな疾患を引き起こしていると考えられるようになっているのである。

老いて炎症が起きる原因はまだ明確になっていないが、言えるのは、老いると遺伝子の変異によって炎症が起こりやすくなり、しかも慢性化しがちだということと、炎症の慢性化によって幹細胞の活性が抑えられ、種々の修復が以前よりうまく行かなくなることである。

こうした症状が「老化」の実体の一部をなしている。前項で老化を「生体の一生が進むにつれて生じる全体的な不安定化の傾向」としたが、ここには炎症が大きくかかわっているのである。

ただし気を付けておかねばならないのは、例えば炎症関連のサイトカイン（ケモカイン）の産生を抑えればいいかというと、決してそうではないということである。２０１６年、まさに骨折の治癒過程においてサイトカインが治癒を早めているという研究結果が報告された。[*3] これによると、まず骨折部位ではγδ（ガンマデルタ）T細胞というリンパ球（胸腺でつくられる白血球の一種）がインターロイキン17というサイトカインを産生する。これが、骨折部位にある間葉系幹細胞を増やして骨芽細胞に分化させることが分かったのである。

T細胞とインターロイキン系サイトカインは、炎症・免疫系における主役でもある。免疫は基本的に体外から入ってきた異物を排除する仕組みだが、T細胞は骨折を免疫系のはたらきによって治癒させるはたらきも有していることが明らかになった。このように、炎症系のサイトカインといっても、一方では幹細胞にはたらきかけて細胞新生を抑えるものもあれば、幹細胞を刺激して細胞の新生を促すものもある。

老化とはよく知られているようで、その実体を摑もうとすると、複雑な生体の仕組みにどこまでも深く分け入っていかなければならなくなってしまう。老化と炎症の関係も、とても一筋縄ではいかないものなのである。

神経系、血管系、骨格系

ここまでヒトの老化を考えるときに血管を流れる血液に着目してきたが、より対象を広げて、人体の内部に張り巡らされたいくつかの「系」に着目すると見えてくることがある。ここに図を示してみた（図5―1、5―2、5―3）。

どの図が何の系を表しているか、説明を見ずに分かる人はどれぐらいいるだろうか。いずれも、頭から胴体の真ん中を下に伸び、下腹部で二股に分かれて足のつま先に至る。一方、首の下からは両脇に分かれ、手の指先にまで張り巡らされているという点では、三者は共通している。

図5―1が表しているのは血管系、図5―2が神経系（中枢神経系と末梢神経系）、図5―3がリンパ系である。骨格系、それに強固に接着する腱・筋肉系を含めて、系全体の形状は非常に似通っているのである。

さらに、図にはないが骨格には腱と筋（筋肉系）が強固に接着しており、その表面には3つの系が張り巡らされている。ヒトを生き物らしくさせている4つの系――血管系（心循環系）・神経系（脳神経系）・リンパ系・骨格系――は相互に非常に近い位置にある。

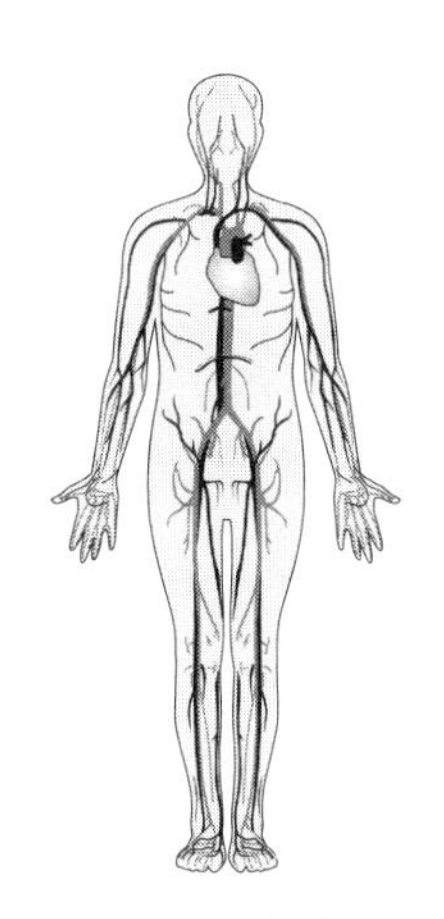

図 5–1　血管系

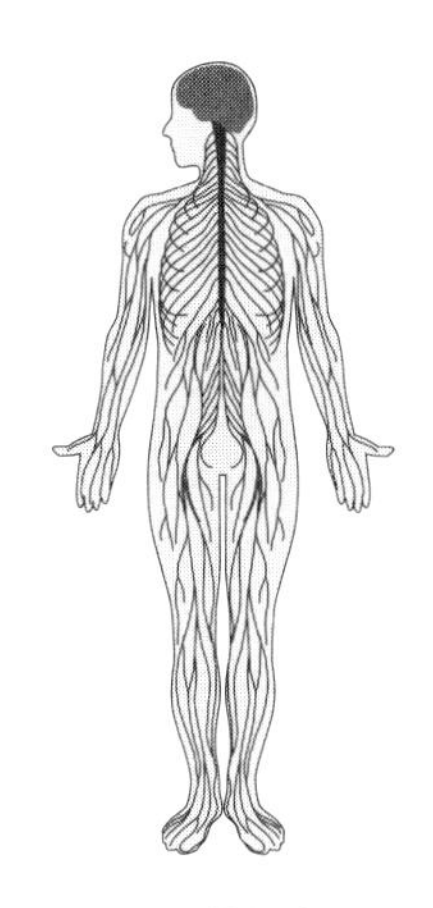

図 5–2　神経系

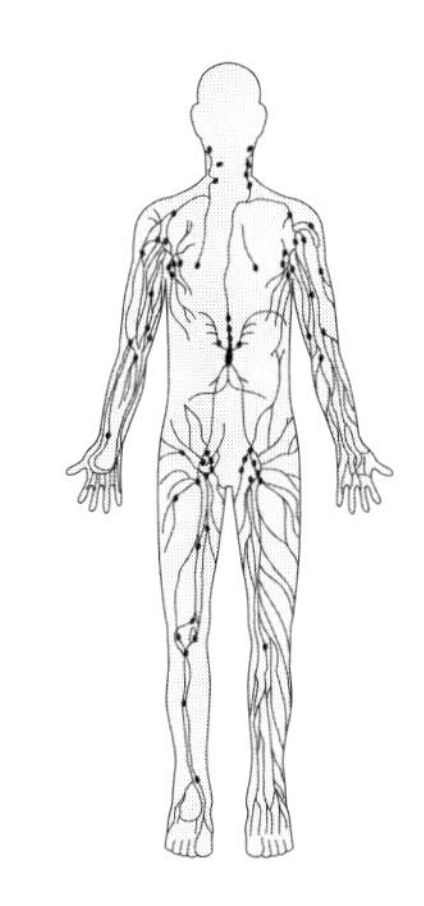

図 5–3　リンパ系

この位置の近さは、どう捉えられるだろうか。このような形状が生まれた理由、原因というものを確定することは不可能に近いだろう。だが、今に至るまで残されてきた理由を問うとすれば、1つにはこの形が効率的だったからと言えるのではないか。

たとえば神経系で、ヒドラなど単純な構造の生き物（刺胞動物）は、一般に体の全域に網をかぶせたような「散在神経系」と呼ばれる形をしている（図5―4）。動物と違い、例えば脳のような、刺激と反応を統御するセンターがないため、刺激を受けても複雑な反応はできない。生き物の一部は、行動の複雑性を高

図 5–4　散在神経系
（ヒドラの例）

める方向へ進化してきたが、そこで中心的な役割を果たしたのは脳—脊髄という中枢神経系である。ここが末梢神経から刺激を集め、また体を動かすよう指令を出すというコントロールセンターの役割を果たしてきた。刺激に対する複雑な行動が脳によって実現していることはヒトでなくても明らかである。つまり、中枢—末梢というような神経系が残されてきたのは、効率的に、複雑な行動をとれる形だからであると考えられる。

血管系はどうか。中心となる肺と心臓は、エネルギーを得るために必要な酸素を取りこみ、それを全身に送るために効率的であると考えられる。これによって素早く力強い行動が可能になっている。骨格系はといえば、脊椎動物の名にあるように、脊椎（背骨）がまずあり、ここを基礎にして、上部には頭骨、そして肩から腕へ、脇腹へ、腰から脚へ、と分岐しており、複雑で素早い動作が可能になっている。

リンパ系は、生体の恒常性に不可欠な、炎症への対応や免疫を働かせる役割を主に担う器官だが、血管系と密接に関係しつつも多少事情が異なる。まずリンパ液は筋肉の動き（蠕動運動という）によって運ばれるためポンプ役の心臓のようなセンターはない。そもそもリンパ液とは血液に由来する。血液の半分以上は血漿という無色透明の成分であり、そのほとんどは水であるが、この血漿が栄養分を含んで毛細血管からしみ出し（組織液）、各細胞の周りを満たしつつ細胞内と物質のやり取りをして、その液体がまたリンパ管によって運ばれる（リンパ液）のである。呼び名は「血漿→組織液→リンパ液」と変わるが、実体は同じものを指しているといえる。リンパ系にはこのリンパ管のほかに、その結節点としてリンパ組織（リンパ節）と呼ばれる免疫組織があって、耳の下や脚の付け根にあることはよく知られているが、基本的にリンパ系は全体として血管系と相補的な関係にある。このため、血管系と似た形状をしていること、位置が近くなっていることは当然であると言える。

系統の重なりが意味するもの

では、この位置関係から何を読みとることができるのか。ここでは老化との関連で重要と思われる点を1つだけ挙げておきたい。それは、位置の近さによる、刺激に対する応答や恒常性維持における相互作用である。血液で流れるサイトカインが全身の老化を促すことは先に述べた。その過程で、これらの「系」がどのように相互作用しているのかは定かではない。

直接的な実証は難しい。例えば血液や血漿の流量の持続的な増大という物理的現象が観察されたとして、それによってリンパ管の流量が増大したということを直接的に実証することは意外と簡単ではない。まして、いかに位置が近いとはいえ、神経系と血管系の直接的な刺激のやりとりを計測するのは不可能に近い。

とはいえ、精妙な生き物の体を見るとき、時には、厳密な実証精神を多少緩和してみることにも意味がある。血管系とリンパ系は、前項で述べたように原理的に密接不可分に連携している。

骨格系と、それに付属する腱や筋肉系の連携も明らかである。筋肉系を実際に動かすための電気信号は神経系を通って伝わるから、筋肉系と神経系の関係も明白である。そして筋肉系を動かすエネルギーの源（ブドウ糖）は血管系によって運ばれる。原理としては、この4つは明白に連関しているのである。

このような関係ゆえに、例えば定期的に体を動かすことは、系同士を活性化することにつながる。「定期的な全身運動が体に良い」ことは今や誰でも〝常識〟として知っているが、そのメカニズムの実体はこのような系同士の連携なのである。逆に、こうした系同士のコミュニケーションや連携の不活性化が老化を引き起こしていると言うことができる。

第2節　なぜ寿命があるのか

プログラム死を手に入れた

老化の先には死がある。寿命とは個体の誕生（あるいは受精）から死までの時間のことをいう。*4
あらゆる生き物は死ぬ。死は生き物にとって確かな普遍性である。いかに長生きしても必ず死ぬということは、生き物の体には死がプログラムされているということである（ただし、多細胞生物と単細胞生物では考え方に違いが出てくる。これについては後述したい）。

死がプログラムされているといっても、死の時期や死に方を一元的に決定する遺伝子があるわけではない。もしそのようなものがあるのなら、当該遺伝子を改変すれば生き物は不死を手に入れることになりかねないが、そうはならなかった。

ゾウリムシの研究者である高木由臣氏によれば、死は進化の過程で獲得されたものである。後述するが、単細胞生物や一部の多細胞生物は無性生殖を行う。自家増殖などとも呼ばれ、生活史のある段階で自己を複製して分裂し、遺伝的にまったく同一の個体をつくるのである。ゾウリムシや、顕著な例では大腸菌がそうである。ただ、ゾウリムシは無制限にこの方式をくり返せるわけではなく、何度か無性生殖を行うと、別の個体と「接合」して細胞質の入れ替えを行うようである。いずれにせよこの生活史を見ると、寿命をどこで区切るべきかは判然としない。

これに対して、ヒトを含む多細胞生物の大半は有性生殖によって増える。有性生殖を行うのは異なる個体どうしであるため、当然、両者の遺伝子の配列は異なっている。両者を仮に「父母」と呼ぶとして、父母の遺伝子はそれぞれ減数分裂を通じて子に引き継がれ、父母と子の間では遺伝子の配列が必ず変化する。こうして代を経るたびに遺伝的多様性が生じるのである。

これの意味することは何か。遺伝的多様性といっても違う種に変化してしまうような多様性ではなく、あくまで同種内の個体間の変異、すなわち「個性」の幅に過ぎない。しかし、例えば高い気温や低い気温にさらされると体力が落ちてしまったり、逆に平気だったりするのも個性であり、この程度の遺伝子の多様性は、個体を環境の変化（例えば平均気温の変化）に適応させる結果を生むことがある。遺伝的多様性が、有性生殖生物の個体の生存可能性を高め、ひいては種全体の生存可能性を高める効果をもつことがありうるのである。逆に、無性生殖によってまったく同一の遺伝子構成をもったまま増殖してできた大腸菌の大群は、ある程度の熱を加えてやると全滅してしまうだろう。実際には、大腸菌は有性生殖とは呼べないにせよ、「接合伝達」という仕組みによってゲノムを融通し合っている。これは、2つの個体がくっつき、互いにゲノムを複製し合って離れることにより、ゲノムの組み換え（遺伝子の部分的な交換）を実現するもので、この仕組みによって大腸菌は遺伝子の多様性を獲得している。

高木氏によれば生き物は、生き残りに有利な有性生殖という方法を手に入れる代わりに、寿命という「プログラムされた死」をも手に入れてしまった。有性生殖と永遠の命はトレードオフの関係にあるということである。筆者も基本的な立場を共有しつつ、生き物と寿命との関係をさぐってみたい。

ヒトの寿命はどこまでか

生き物がすべて死ぬとしても、種によって寿命は非常に多様である。

私たちヒトはどれだけ生きられるのか。最長の記録はフランスの女性で、１９９７年に亡くなったとき１２２歳だったという。[5]２０１５年の調査によれば、日本人女性は国際比較で最長寿で、平均して86歳強まで生きる。それよりもさらに35年以上、生きたヒトがいたのである。退職制度のある人にとって定年が一つの大きな区切りになるとして、少し前まで60歳で定年を迎えるのが普通だったのであり、１２２歳といえば、退職時点ではまだ人生の半分に達していないことになる。気の遠くなるような話である。

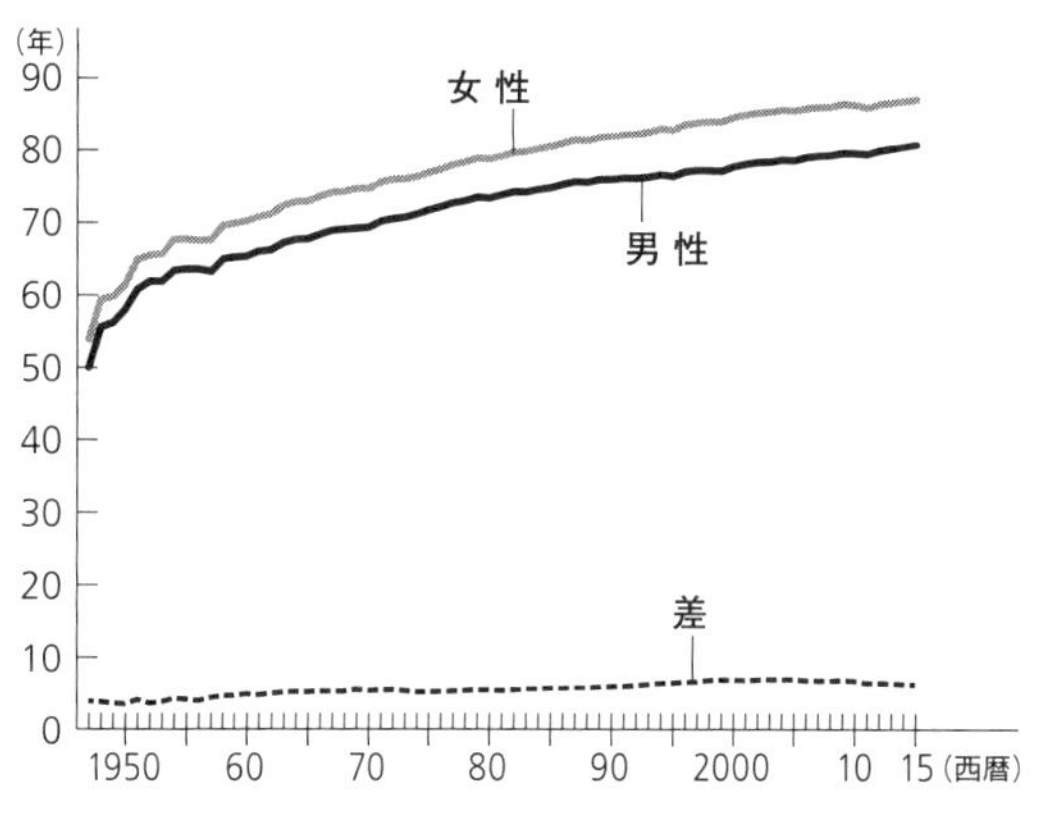

図5–5　日本人の平均寿命の年次推移（1947–2015年、厚生労働省「第21回生命表（完全生命表）の概況」より）

日本人の平均寿命は、男性も80歳を超えている。ただしこれは「０歳時の平均余命」であって、例えばいま65歳の日本人女性の「平均余命」は別に算出されていて24年強なので、平均すれば89歳ぐらいまで生きられると推定される。65歳の男性の平均余命は19年強なので、約84歳となる。[6]そして、図５―５を見れば明らかなように、平均寿命は一貫して右肩上がりに伸びてきた。伸び方が緩やかになっていることは確かだが、完全に頭打ちになることは想像しにくい。つまりこれからも平均寿命／平均余命は伸びていくことが十分に予想されるのである。

　寿命はどこまで伸びるのか。１３０歳まで生きるヒトが出てくるのか。１５０歳はどうか。可能性はどんどん小さくなるだろうが、原理的に不可能であると断言する根拠が存在するわけではないのが現状である。「不死」は夢に過ぎないだろう。しかし「不老長寿」については、前章で述べた再生医療の本質を把握するなら、夢とは言い切れなくなってくる。これまでの最長記録は１２２歳だが、第２位は１１９歳、３位から５位が１１７歳といい、すべて女性である。男性では１１６歳で、日本人である。

　日本では、２０１６年の９月15日時点で１００歳以上の人は６万５６９２人であるという発表があった。単純計算で総人口の０・５％を超える。人口の将来推計では、２０２０年には11万人から12万７千人となる。[*7] これは総人口のおよそ０・１％を占める数である。総人口に占める割合だけを見ると、２０３０年には０・22～０・27％になり、２０３５年には０・３～０・38％に達する。つまり２０３５年には約３００人に１人が１００歳以上になるのである。これは１９６３年には該当者が１５３人（約62万人に１人）とカウントされたことと比べると、激烈な伸び方である。

　２５００年前のヒトから見れば「自然の摂理」は揺らいでいると言えるかもしれない。

ヒトの寿命の特殊性

寿命において、ヒトは特殊かもしれない。20万年の歴史をもつヒト（ホモ・サピエンス）は、２０００年前ほどに平均寿命（０歳時の平均余命）が14・6年だったという研究がある。[*8] そこから86年（女性）まで伸びたとすれば、ヒトの寿命の歴史は、図５―６のようになる。長い目で見るとあまりに急激な伸びであることが分かるだろう。ほかの生き物でこのような変動を経験した種があるとは考えにくい。乳児死亡率の劇的低下と高齢者の増加がこの急上昇の要因である。

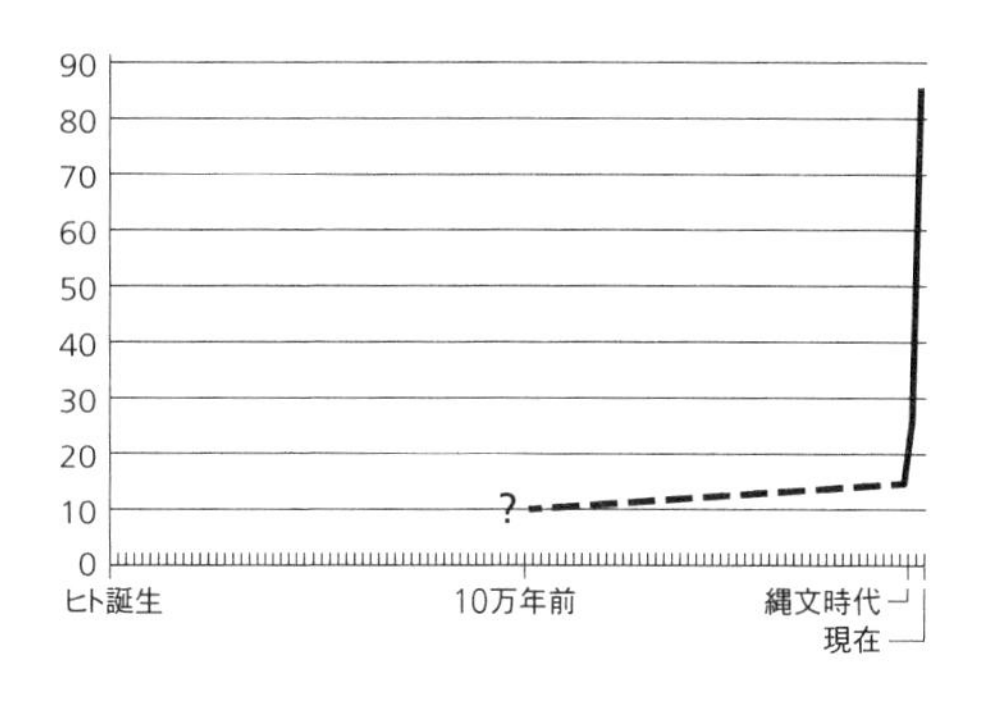

図 5–6　平均寿命の推移

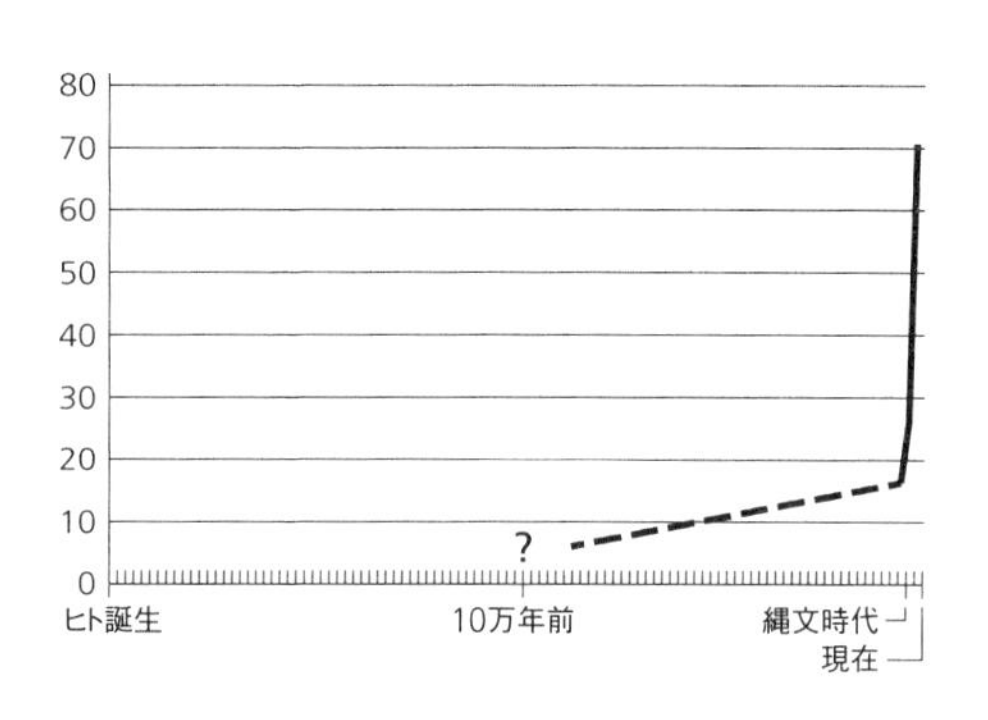

図 5–7　15 歳時の平均余命の推移

　別の研究では、その平均寿命の上限に近い15歳時点からの平均余命が男女とも16年強であるという。[*9] ２０１６年現在、15歳時点の平均余命は男63・9年、女70・8年だから、平均寿命の時と同様に長い方の女性でグラフを作ってみると（図5―7）、形としてはほぼ同じ印象を与えるものになる。寿命も余命もほぼ同様に急上昇していることがわかる。やはりヒトの寿命は「自然の摂理」ではなくなってきているといえよう。

では、ほかの種における寿命は自然の摂理で決まっているとして、摂理の本体とは何であろうか。あるいは、逆の問い方をしてみよう。生き物が死ぬことは決まっている。生き物の死はプログラムされている。では、何が死を決めており、プログラムはどう作動するのだろうか。

その謎解きにはこのあとすぐ取りかかるとして、種による寿命のバリエーションについて見ておこう。表5―1は、生き物の観測された最長寿命である。ショウジョウバエの命の短さ（約20日）、ミツバチの女王バチ5年に対して働きバチが1年弱、オスが半年という格差をはじめ、まずはその多様性に目を見張ってしまうかもしれない。時に数百キロの巨体になるマグロが7年というのは、短いだろうか。ナマコが10年、コブラ（毒蛇の一種）が29年、コイが47年、コンドル（アメリカ大陸にすむ大型の鳥）が65年以上というのは意外な長命と思われるかもしれない。ゴリラやオランウータンが60年前後というのはヒトに近いようにも思える。長寿の象徴であるカメは、アオウミガメで37年である。ウナギが88年、チョウザメが１５２年生きたという事実は、知らなかった人にはショックなのではないか。

このデータは観察された最長の記録なので、外敵や事故がなく、食べ物が十分ある場合に最大

表 5-1　動物の観測最長寿命

ヒト以外は『理科年表 平成 28 年』p.866 より。「日」は年に換算し、幅のあるものは間をとった

動物種	寿命（年）	動物種	寿命（年）
キイロショウジョウバエ（痕跡翅型）	0.055	ヒツジ	24.000
キイロショウジョウバエ（野生型）	0.126	シカ	26.500
ミジンコ	0.296	キジ	27.000
ミツバチ（オス）	0.500	ブタ	27.000
ナメクジウオ	0.583	裂頭条虫（サナダムシの一種）	29.000
ミツバチ（働きバチ）	0.917	コブラ	29.000
シマカ	1.500	オオハクチョウ	29.417
ヒドラ	1.500	イヌ	29.500
タコ	2.000	マムシ	29.833
実験用マウス（給餌自由、2 種平均）	2.678	ガラガラヘビ	30.000
ヤリイカ	3.500	ウシ	30.000
タツノオトシゴ	4.583	ニワトリ	30.000
ミツバチ（女王バチ）	5.000	フナ	30.000
ヒトデ	5.000	ガン	31.000
ハツカネズミ	6.000	キリン	33.583
マグロ	7.000	無鈎条虫（サナダムシの一種）	35.000
スナヤツメ	7.000	ヒキガエル	36.000
ヤマカガシ	7.000	クマ	36.833
ナマコ	10.000	アオウミガメ	37.000
シチメンチョウ	13.000	コイ	47.000
住血糸状虫	17.000	カバ	54.500
ニジマス	18.000	オランウータン	59.000
イモリ	18.000	ゴリラ	60.000
ヤギ	18.000	ウマ	62.000
スズメ	20.000	コンドル	65.000
ニシン	22.000	インドゾウ、アフリカゾウ	80.000
リス	23.583	ウナギ	88.000
カナリア	24.000	ヒト	122.000
カンガルー	24.000	チョウザメ	152.000

で何年生きられるか、ということ（限界寿命）を示していると言える。生き物によって限界寿命はおおよそ決まっているのである。

ヒトは近年、平均的な寿命を不自然なほどに伸ばしてきた。1万年ほど前から数千年かけて食物の貯蓄方法を知り、200年ほど前から微生物に関する知識も獲得し始めて、栄養環境と衛生環境の両方を劇的に改善してきたからである。乳児死亡率の低下もその延長線上にある。環境のこのような急激な変化が、寿命の飛躍的な伸長につながった。

ほかの生き物はこうした経験をもたない。このデータは、いわば「自然に」、一定数が病気や事故、捕食で死に、たまたま生き残った個体にここまで長生きするものがあったということを示しているのである。

「体重の4乗根」説

前項での疑問に戻ろう。何が生き物に固有の寿命を定めているのか。これまでにさまざまな説が唱えられてきた。

かなり前から唱えられていてすでにポピュラーになっているのが、寿命を体重が決めるというものである。これは哺乳類について言われるようだが、具体的には、「寿命は体重の4乗根に比例して長くなる」という説である。*10 非常に大まかに言えば「体の大きい生き物ほど長く生きる」

表5-2　哺乳類の体重・体重の増加率・4乗根・4乗根の増加率・寿命・寿命の伸長倍率　列①は『理科年表 平成28年』p.898より、列④は表5-1より

	①体重（グラム）	（参考）体重の増加率（倍）	②体重（グラム数）の4乗根	③4乗根の増加率（倍）	④寿命（年）＊観測最長寿命	⑤寿命の伸長倍率（倍）
マウス	35.7	—	2.444	—	2.678	—
ヤギ	20,600.0	577.03	11.980	4.901	18.000	6.722
ヒツジ	51,500.0	2.50	15.064	1.257	24.000	1.333
ウシ	500,000.0	9.71	26.591	1.765	30.000	1.250
ウマ	703,000.0	1.41	28.956	1.089	62.000	2.067
インドゾウ	3,833,000.0	5.45	44.247	1.528	80.000	1.290

という見方であり、これは直観と異なっておらず、魅力的な説である。

4乗根とは、4乗すればその数になる数のことで、例えば16に対しては2がそれにあたる（16＝2×2×2×2）。

ここで2種類の哺乳類を想定してみよう。

哺乳類A……体重20kg　寿命10年

哺乳類B……体重100kg　寿命15年

と仮定する。このとき、Bの寿命はAの1・5倍である。体重の四乗根も1・5倍であれば、右の説は正しいことになる。

哺乳類A……20（体重）の4乗根は2・11

哺乳類B……100（体重）の4乗根は3・16

3・16／2・11＝1・498であるから、比はほぼ1・5と見て、右の説は実証されたと考えることもできる。では実際に、表5─1のデータに基づいて見てみよう。

哺乳類にのみあてはまるとのことから、表5─1から哺乳類のデータを抜粋し、増加率を見るために体重の小さい順に並べた（表5─2）。列①が生き物の体重（グラム換算）列

②はその4乗根である。その4乗根の増加率が列③である。列④は寿命、列⑤は寿命の伸長率である。ここで、列③の増加率が列⑤の伸長率と同じ数字になれば、法則は成り立っているとみることができる。

列③と列⑤を同じ行内で見比べると、決して同一の倍率ではないが、大きく外れる値は少ない。ためしに列の「(参考) 体重の増加率 (倍)」の、体重の増加率と比べてみると、基本的には、体重そのままの数値の変動と寿命の変動よりも、4乗根の数値の変動と寿命の変動の方が近くなる傾向を示しているのである。また、一般に体の大きい (=体重の重い) 生き物が長生きするという傾向も見て取れるだろう。

では、この説は正しいのかといえば、あくまで一面を言い当てた正しさがある、と言えるに過ぎない。こうしてデータを抜粋すれば、それなりの傾向を読みとることは不可能ではないが、別のデータを投入すると、外れ値が多くなってくるからである。

例えばここにイヌとヒトのデータを入れてみると、次の表5―3のようになる。表5―2からの変更点には下線を付した。ここでは日本人男性を入れたが、女性でも同様である。こうすると表5―2で見られた順序は大きく崩れてしまう。理由は、イヌもヒトも、体重のわりに長生きする生き物だからである。このため、より体重の大きい生き物と比べたときに、体重の4乗根は減るが、寿命は伸びるということが起きてしまうのである。つまり、哺乳類の寿命は体重によって決まるという説、より正確に言えば、寿命は4乗根に比例して伸びるという「法則」は、決して

表 5-3　哺乳類の体重・体重の増加率・4 乗根・4 乗根の増加率・寿命・寿命の伸長倍率・心周期・心周期の増加率

列⑦は『理科年表 平成 28 年』p.898 より、下線部は表 5-2 からの変更点

	①体重（グラム）	（参考）体重の増加率（倍）	②体重（グラム数）の 4 乗根	③ 4 乗根の増加率（倍）	④寿命（年）	⑤寿命の伸長倍率（倍）	⑦心周期（拍動 1 回にかかる時間。秒）	⑧心周期の増加率（倍）
マウス	35.7	−	2.444	−	2.678	−	0.100	−
イヌ	13,900.0	389.36	10.858	4.442	29.5	11.016	0.670	6.700
ヤギ	20,600.0	1.48	11.980	1.103	18.0	0.610	0.750	1.119
ヒツジ	51,500.0	2.50	15.064	1.257	24.0	1.333	0.860	1.147
ヒト日本人男性	60,400.0	1.17	15.677	1.041	80.0	3.333	0.870	1.012
ウシ	500,000.0	8.28	26.591	1.696	30.0	0.375	1.330	1.529
ウマ	703,000.0	1.41	28.956	1.089	62.0	2.067	1.740	1.308

万能ではないことが分かってくる。

なおこの法則は、「心周期が体重の4乗根に比例する」という形でも提唱されているため、これについても見てみよう。心周期とは心臓が拍動してから次の拍動に至る時間のことであり、表5―3の列⑦に記入した。4乗根は③なので、同じ行内で③と⑦を見比べると、これは寿命の伸長倍率⑤と比べた場合よりも密接に関連していると言える。限られたデータで結論を下すことは難しいが、体重と心拍数が何らかの連関をもっていることは確かである。一般に体重の大きい動物の心臓の拍動は遅くなるのである。付け加えておけば、例外が少なくない以上、「体重が寿命を決めている」と言うことはできない。「連関が見られる種も多い」と言えるにとどまるだろう。

体重の大きさは、原則としては体の大きさと関係する。では、「体が大きい動物ほど長く生きられる」というのも連関にすぎないのか。これについては別の外的な要因が加わってくる。捕食される可能性である。

寿命の表を離れて、野生の動物を考えてみよう。一般に野生では、体が大きくなるほど捕食される可能性が低くなる。ゾウを考えてみればわかるだろう。成体になってしまえば、捕食される可能性は小さくなる。つまり、成体になると、少なくとも捕食による死亡率は下がる。これに対して、さまざまな生き物に捕食されやすいノネズミなどは、成体になったあとでも、捕食される可能性は大きく変わらない（逃げ足が速くなったりすることによってわずかに可能性が減るかもしれないが）。つまり、成体になっても捕食による死亡率は変わらない。このように野生のゾウとノネズミを比べてみて言えるのは、野生では体が大きいほど死亡率が下がる、すなわち、体が大きいほど長く生きる可能性が高まるということである。

しかし、「どれぐらい捕食で死にやすいか」と、「捕食されなかった場合にどれぐらい生きられるか」は、全く別の問題である。ここで寿命の表5―2に戻れば、捕食されにくいために野生での寿命が長くなることと、捕食を免れた個体が長く（80年）生きたこととの間に、本質的な関係はない。捕食は外的な要因であり、いま問うているのは、こうした外的な要因を取り除いた場合にどれだけ長く生きられているのか、その長さを規定している内的な要因は何なのかということである。「長く生きている生き物には体の大きいものが多い」という経験的な事実は存在すると考えてよいだろう。寿命という、種にとって非常に重要な問題に対して、多様な生き物すべてに共通するような原理や原則は見つからない。しかし大まかな傾向としては十分に興味深い。以降では「これこれの仕組みを持つ生き物が一般に長く生きやすい」という普遍的な原則がないのかを探りつつ、内的な要因を求めて、もう少しミクロな視点から考えてみたい。

「ヘイフリックの限界」

分化して特定の機能を持つようになった体細胞（表皮細胞、赤血球、腸管上皮細胞など）が分裂するということは基本的にないと考えてよい。では、よく言われる体細胞の分裂回数の上限、つまり細胞レベルでの寿命はどれくらい決まっているのか？

この問いに答えようと、レオナルド・ヘイフリックは1961年、ヒトの体の細胞をさまざまな方法で採取し、人工的に細胞を培養した場合の分裂の回数を確かめた。すると、どの細胞も50回程度で分裂を止め、それ以上分裂せずに死んでしまった。また、老人から採取した細胞は赤ちゃんの細胞と比べると分裂回数が少なめで止まってしまうことも明らかにした。この分裂の回数を「ヘイフリックの限界」という。ヘイフリックはこれをもって「細胞も老化する」こと、「細胞にも老化による寿命がある」ことを主張した。ヘイフリックの実験は実感にも合致していて大きな反響を呼び、当初は異論もあったが、のちに「テロメア」という染色体の配列が発見されたことで正しさが証明された。

ただし、「ヘイフリックの限界」と「細胞の老化」の関係には留保が必要である。また、「細胞の老化」と「個体の老化」は近似するにせよ別物である。どういうことか。

ヘイフリックは体細胞をまず採取し、そして培養した。いずれも人工的なプロセスである。体細胞は体を離れれば通常は死ぬし、培養皿という環境と、それまで周囲にあった体とは大きく異なる。体細胞の増殖の源流には幹細胞の不等分裂がある。分裂の限界による組織の衰えを議論するのなら、ヘイフリックが観察したような体細胞の分裂だけではなく、幹細胞の分裂における「分裂回数の限界」も議論されなければならない。

しかしヘイフリックの時代に幹細胞の特定は不可能だった。幹細胞の分裂回数、さらにテロメアはどのようにはたらいているのか。これは1970年代からの研究で明らかになった。

テロメアと細胞の老化

テロメアとは何か。それは、染色体中のDNA鎖の端に数千個並んだ塩基の配列のことである。テロメアは、第1章で紹介したバーバラ・マクリントックとハーマン・ジョーゼフ・マラーがそれぞれ独立に発見した。マラーはショウジョウバエの染色体を研究していて、X線を照射した後、テロメアがちぎれた場合だけ染色体を安定的に保てなくなることを見出した。そのため、彼はこの構造が染色体の安定化に必須なのであろうと推測した。マクリントックはトウモロコシの染色体を研究していて、その末端が削られた染色体は、自らのもう一方の染色体の末端や、別の染色体とつながってしまうことに気づいた。その後、染色体末端のある部分は遺伝情報としての意味こそもたない（特定のタンパク質の発現に関与していない）ものの、それが存在することによって、他の染色体と融合してしまうという事態を避ける役目を果たしていることが分かった。

テロメアにはもう1つ重要な役割があった。マラーとマクリントックの頃には分かっていなかったが、細胞が分裂するたびにテロメアが短くなっていることが、ヘイフリックの発見のあとで判明したのである。テロメアはDNAが複製されるたびに短くなっていたのである。

テロメアの長さが本来の半分ぐらいになると、細胞は分裂を止める。つまり死に向かい始めるのである。まさに「プログラムされた死」である。なぜこのような仕組みをわざわざ生き物は体に組み込んだのかは分からないが、そうした仕組みをもった種が生き残ってきたということは確かである。

DNAの複製におけるテロメアの役割

幹細胞を含む細胞は、分裂時にDNAを複製する。半保存的複製と呼ぶように、DNAの2本鎖がほどかれ、それぞれの1本鎖についてDNAポリメラーゼ（DNA合成酵素）が相補的な塩基を配置し、複製していく。

このとき、DNAポリメラーゼが複製を始める際にプライマー（発火具）と呼ばれる短い塩基配列が必要になる。このプライマーという部分が1本鎖に沿って置かれたあとに、プライマーの途切れた位置から複製が始まる。プライマーがあって初めて複製が可能になるのである。

ＤＮＡの2本鎖のうち1本で必ずこの現象が起きる。[*11] こちらの1本鎖では、プライマーの途切れた位置から複製が始まるため、プライマーに沿った部分、プライマーと並行して重なっている部分のＤＮＡは、いわば「のり付け」されてしまうせいで読み取られず、複製されなくなる。これではＤＮＡの本当の意味での複製にならない。つまり幹細胞が不等分裂しようとしてもＤＮＡの複製が完全でない以上、正しい分裂にならない。したがって体細胞は維持されなくなり、個体は早晩、死に向かってしまうだろう。

なぜそうならないのか？——テロメアが何のためにあるのかについての2つ目の重要な答えはここにある。プライマーに沿った部分がのり付けされてしまって読み取れないのなら、読み取られなくても問題ないような「のりしろ」があればよいということになる。のりしろ部分にプライマーが置かれれば、塩基配列の解読がプライマーの途切れた位置から始まっても、必要な遺伝情報がきちんと読み取られることになる。この、のりしろの役割を果たしているのがテロメアである。テロメアは、遺伝情報として意味を持たない塩基配列として存在しているのである。

とはいえ、このテロメアも同様の問題に直面する。いずれにせよプライマーが置かれてその部分が複製されない以上、のりしろとしてのテロメアの端も複製されない。すなわち、分裂を繰り返すうちにテロメア自体も短くなっていき、いずれは遺伝情報を持つ部分に達してそれが侵食されるようになってしまうはずである。

この疑問は１９８０年代に入って解消された。テロメラーゼという酵素がテロメアを修復し、元に戻す役割を果たしていることが分かったのである。テロメラーゼはテロメア合成酵素とも言う。テトラヒメナという単細胞生物の研究で最初に見つかり、この発見で、エリザベス・ブラックバーン、キャロル・グライダー、ジャック・ショスタクの3氏がノーベル生理学・医学賞を受賞したのは、テロメラーゼ発見から20年以上経った２００９年のことだった。

テロメラーゼは、生殖細胞（卵をつくる卵母細胞、精子をつくる精原細胞）や多能性幹細胞でとくに活発に働いている。また体性幹細胞でもよく観察されるが、分化してしまった細胞では見られない。

ヒトの体では、分化を経た細胞はあまり分裂しない。これは植物などが生長先端部で「単純な」分裂（1個が2個になり、2個が4個になる分裂）を繰り返して細胞を増やしながら体を大きくしていくこととは対照的である。動物の体内で積極的に分裂しているのは幹細胞と生殖細胞など一部の細胞に限られる。これら2種の細胞でテロメアの修復機構が見られる。すなわち、生体を維持する機能を直接担う細胞と、次世代をつくり出すための細胞においてのみ、個体のゲノムの正確な複製を保障するための仕組みが備わっているのである。

結論としては、テロメラーゼがある以上、「テロメアが短くなるせいで幹細胞が衰える」とは言えないということになるだろう。

第3節　ゲノムの不安定性は何をもたらすか

ゲノムの不安定化

しかし、現実として、テロメラーゼがあっても生き物は老化し、死を迎える。ヘイフリック以来、細胞の老化が個体の老化と関連するものとして探究されてきたが、そもそもこの2つの現象の関係はどのようなものなのか。

現時点では、細胞の老化は個体の老化と関連があるようだ、ということぐらいしか言えない。ある実験で、通常より早く年を取るマウスが用意され、このマウスから老化した細胞が取り除かれた。すると、老年になってかかる病気の発症が抑えられることが報告された。[*12] このことから、老化細胞の存在が個体の老化に影響を与えていることが示唆される。ただ、可能性としては「細胞の老化が老化の原因である」こともあり得るが、この実験においては被験体が早く年を取るマウスであったことを勘案すると、老化細胞と個体の老化が因果関係として実証されたとまでは言い切れない。

生き物の体の仕組みは、とくにDNAのらせん構造が提唱されて以来、非常に詳しく調べられ、理解は飛躍的なスピードで進んできた。しかし、それでも、まだ分かっていないことは驚くほど多い。DNAの構造の解明は確かに、生き物の体をうまく説明するうえで、それまでになかった最も有益な「言語」の発見であったといえる。しかし、例えばある社会で、その使用言語を習得しただけで、その社会を成り立たせている原理をすべて理解できるというわけではない。これと同じように、DNAの解明以降、生き物の体の現象がすべて「分子の言葉で語れるようになった」とはいえ、それで謎がすべて解けるということには決してならなかった。むしろ、その言葉を獲得したことによって「何が謎であるのか」をそれまでより正確に把握できるようになったのだ、と言えば正確だろう。謎の解明は別の謎を呼ぶ。それほどに生き物の体は複雑で奥が深く、要素間の影響関係を全面的に解明することなどはまだまだはるか遠くにある目標と考えなければならない。

現時点で確かに言えるのは、個体の老化の過程は、幹細胞の衰えを含む「細胞の老化」、糖やタンパク質の「代謝異常（代謝不全）」、「ミトコンドリアを含む細胞小器官の機能低下」などの現象を伴うという事実である。これは法則的なものというより、観察にもとづく経験的な事実である。これらの現象と個体の老化との因果関係は未解明であり、何らかの連関が存在すると言えるにとどまる。

筆者としてはもう少し踏み込んで考えてみたい。もしこれらの現象――細胞の老化、代謝異常、ミトコンドリアと細胞小器官の機能低下など――に共通して見られるものがあれば、それが個体の老化を引き起こす「原因」であるかもしれないし、少なくとも「老化とは何か」を本質的に捉えることにつながるからである。

では、共通して見られるものとは何か。それはゲノム（遺伝情報）の不安定化である。ゲノムが不安定化するとはどういうことか。ゲノムはDNAが表す遺伝情報のことであった。成体においてDNAは幹細胞が分裂する際に複製されるが、この複製がうまくいかなくなるということである。第1章では、直径0・01ミリの細胞核の中に2メートルの長さのDNAが非常に精妙な構造をもって格納されていることを「猛烈な折りたたみ」と表現したが、小林武彦氏によればDNAは「核の中でこんがらがったり、引っ張られて切れたりは頻繁に起こる」[*13]。精妙な構造で微小な空間に格納されているということは、一歩間違えば混乱してしまうということかもしれない。切れてしまうと言うと驚かれるだろう。その種をその種たらしめているDNAが切れてしまうようでは、生き物は生き続けられないではないか、また、DNAの安定性は種にとって、個体にとって最も重要で不可欠な仕組みであるはずだ、と。

実際、DNA自体は精巧な構造をもち、化学的には安定的である。しかし損傷を受けないほど安定しているというわけではない。右のような損傷はあまり知られていないだろうが、DNA損傷の要因はほかにも数多いのである。

何がDNAを損傷するのか

例えば紫外線である。近年、外を歩くと腕を白っぽいカバーで覆った女性を見ることが少なくない。かつては日に焼けた肌こそ健康の証などと言われたが、紫外線が皮膚やその他の細胞に与える影響が知られてくるにつれてそのような人が増えているようである。影響とはDNAの損傷である。第1章1節で述べたが、紫外線が当たることによって、一部の細胞ではDNA上で塩基と塩基が結合してしまう。DNA上でチミン（T）が隣り合って並んでいた場合、2つのチミンがくっついてしまうのである。このまま細胞周期の増殖期（M期）に入ってしまうと複製はここで止まってしまい、正常なDNA複製および細胞の増殖が行われなくなってしまう。

X線も同様である。レントゲン写真を撮る際、体の後ろからX線を当てて体の前に置いたフィルムが感光するのは、X線が体を通り抜けているからである。X線も紫外線も、いわゆる光を含む「電磁波」の一種であり、違いは波長である。波長が短いほどエネルギーが強くなり、X線はそのかなり強い部類に属する。2011年の福島第一原子力発電所事故に伴って話題になった「放射線」のうち特に影響が懸念されたのは「γ線」であり、これも電磁波の一種で、診断用のX線よりエネルギーが強い。X線やγ線は生体を通り抜ける際、体内の一部の細胞のDNAを切断することがある。

このほか、マスタードガスやタバコに含まれるタールなど化学物質はDNAと化学反応を起こし、その機能を阻害する。がん抑制遺伝子と化学反応する場合、がん抑制機能を阻害し、それによってがんを生じてしまう。

電磁波や化学物質は外的な要因であり、ほかに内的な要因として酸化のストレスがある。これは細胞の内部からやってくる。ATPを生成する過程で38分子のうち9割近い34分子を産生する、いわばエネルギー産生の主役であるミトコンドリアが、実は負の影響である酸化ストレスを生じるうえでも主役でもある。いわゆる「活性酸素」は、ミトコンドリア内で代謝が行われる際に不可避的に発生する酸素の一形態で、他の物質と反応しやすい。反応を受けた物質は本来の機能を阻害されるため、DNAや細胞にダメージを与えると一般に考えられている。しかし近年、活性酸素を分解するSODと呼ばれる酵素もミトコンドリアが生み出すこと、SODを欠損した(すなわち活性酸素が分解されにくい)個体が逆に長寿になることなどが明らかになり、「活性酸素のせいで老化が促進される」という単純な見方は修正を迫られていると言える。

損傷を治す仕組み

第一章で述べたように、こうして傷つけられたDNAを修復する機能がある。だからこそ生き物の体は数々のストレスにもかかわらず複製を続けられるのである。DNAの傷と修復はそのまま、細胞の老化と老化の抑制につながる。その仕組みをたとえで表してみたい。

無数のベルトコンベアのある大工場を思い浮かべてみよう。それぞれに検品担当者、作業担当者がおり、別室に検品者の部下がいて、最終段階の品質確認にあたっている。最終検品なのでここを過ぎれば出荷されてしまうため責任重大である。

製品が流れてくる。検品担当者は目を光らせてチェックし、問題があれば作業担当者に伝える。そして作業担当者に直してもらう間はラインの速度を落としておく。致命的な欠陥があれば修復をあきらめ、別室の部下を呼び出して廃棄させる。

ｐ53というタンパク質がある。がん抑制に関連して近年よく知られるようになったタンパク質である。これが検品者にあたる。ｐ21というタンパク質が別室の部下の1人である（ほかにも似た働きをするものはある）。Ｍｒｅ11、Ｒａｄ50などの酵素は現場の作業者にあたる。製品は体性幹細胞など分裂する体細胞であり、ベルトコンベアの流れは細胞周期にあたる。

ｐ53タンパク質は無数の幹細胞の中にいて、そのＤＮＡに異常がないかをチェックし続けている。細胞周期はめぐり、そのうち増殖期に入る。ｐ53は異常のある細胞をそのときまでに見つけなければならない。見落とせば異常を抱えたままＤＮＡの複製が始まり、異常に突き当たって増殖が止まるか、悪い場合には異常を抱えたまま増殖してしまう。分裂のＭ期の入り口が検査者の立ち位置である。Ｍｒｅ11やＲａｄ50は待機し、ｐ53から指示を受けると速やかにＤＮＡの修復に取り掛かる。

具体的には、Ｍｒｅ11は傷のあるＤＮＡのところへやって来て1本鎖を露出させ、Ｒａｄ50はそこにやって来て塩基をかき集め、配列を復元する。この間、ｐ53は細胞周期の進行を遅らせるのである。その場での回復が難しい場合は修復を断念する。そしてｐ21を活性化させる。ｐ21は

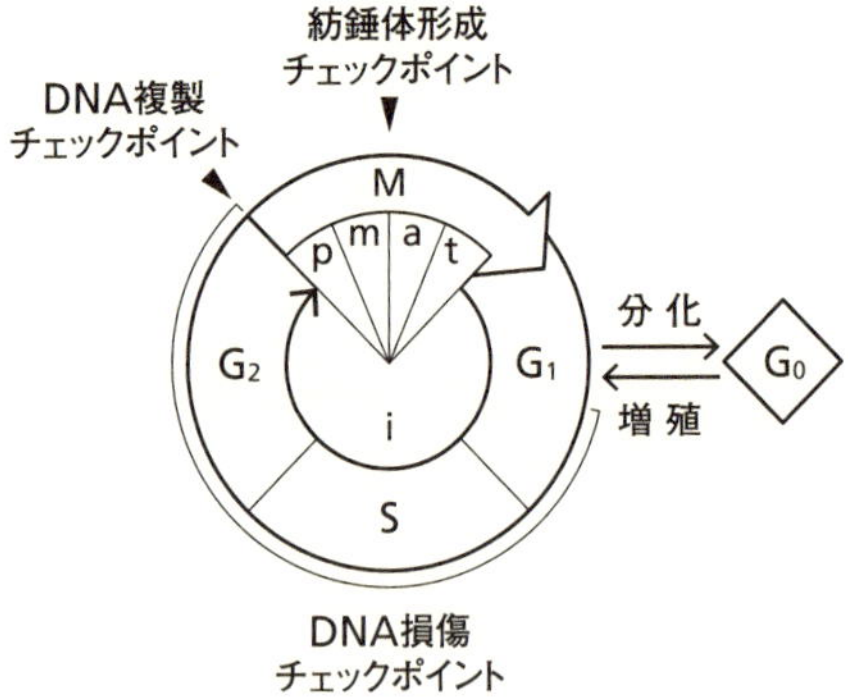

紡錘体形成
チェックポイント

DNA複製
チェックポイント

M

p m a t

G₂ G₁ 分化 増殖 G₀

i

S

DNA損傷
チェックポイント

S	：DNA合成期	M	：分裂期
G_1	：第1間隙期（M期とS期の間）	p	：前期
		m	：中期
G_2	：第2間隙期（S期とM期の間）	a	：後期
		t	：終期
G_0	：休止期	i	：間期

図 5–8　細胞周期モデル

タンパク質の分解を促し、また別の所ではタンパク質の転写を抑制する。こうして増殖時期であるM期への移行が回避され、増殖の停止が実現される。これがすなわち（幹）細胞の老化なのである。そして、p53、Mre11、Rad50、p21などの全体がDNAの修復機構である。細胞周期上では、さまざまな因子が複製や転写のプロセスをチェックし続けている（図5―8）。

細胞の老化というとネガティブなイメージがあるが、修復不可能なDNAをもつ、問題のある細胞を効率的に壊して排除するという面もあったのである。ゲノム損傷という不安定性に対して、幹細胞分裂とそれに基づく生体維持の安定を求めた結果、細胞の老化が促進される。それは確実に、一時的な――といっても数十年にわたる――安定をもたらす。しかし、その一方で、細胞を老化させるという仕組みそのものは、個体の老化という不安定性をもたらし、最終的には老化の果てに寿命の終わりを迎えるのである。

第4節　環境は寿命にどう影響するか――生活習慣病と認知症

長寿をもたらす遺伝子は存在するか

それさえ持っていれば長生きするという遺伝子があったら、誰もが欲しいと思うだろう。しかし遺伝子とは、重篤な遺伝病に対する遺伝子治療でない限り、あとから導入できるものでもない。それならば、少なくとも自分がその遺伝子を持っているかどうかを知りたいと思うのは無理のないことかもしれない。

そのような意味での「長寿遺伝子」というものが想定されたことがある。例えば、存命する110歳台の超長寿者たちに共通する1つの遺伝子があるのではないか、という想定によるものである。2014年に行われたアメリカでの調査では、110歳から116歳の「超長寿者(supercentenarian)」17人の全ゲノムを解読して調べたが、共通した特徴を持つ単一の遺伝子は見いだされなかった。*[14] ひとまず「それさえあれば長生きする」という意味での「長寿遺伝子」概念は否定されたことになる。

違う考え方も可能である。長寿にさせようとする遺伝子がないとすれば、長寿を阻害する遺伝子――病気を引き起こす遺伝子――のはたらきを止めるような仕組みがあれば、生き物は何物にも邪魔されずに生き続ける、すなわち長寿がかなうのではないかという考え方である。むしろこちらの方で、理解しやすい具体的なことがいくつか分かっている。

まず、心臓の疾患を引き起こしやすい遺伝子変異というものがある。40歳以下の若年層に突然死をもたらす心臓疾患に、「肥大性心筋症」と並んで「不整脈原性右室心筋症」というものがある。近年の研究によってこの不整脈原性右室心筋症の原因は、「デスモソーム関連遺伝子」と呼ばれる遺伝子群(DSP、PKP2、DSG2、DSC2、JUP)における異常や、「リアノジン受容体」と呼ばれるRyR2遺伝子の異常であると指摘されるようになっている。[*15] 右に述べたアメリカでの超長寿者の調査において、17人の超長寿者のうち一人がこの遺伝子DSC2に変異を持っていることが分かった。それでも長生きしたところに何か手がかりがあるかもしれない。

また、乳がんを引き起こしやすい遺伝子変異もある。アメリカの女優アンジェリーナ・ジョリーが乳房を予防切除したことで特に有名になった遺伝子変異は「乳がん関連遺伝子(BRCA1)」の変異であった。右の超長寿者調査においても、この遺伝子に変異を持った人が1人いたことも注目された。[*16] ただし、この変異がもたらすBRCA1の機能への影響は不明であるため、心筋症の例と同等に見ることはできないことを言い添えておこう。いずれにせよこれらの例は、心筋症(や乳がん)の原因となりうる遺伝子変異を保持しながら発症しない、ということの意味を考えなければならない例であった。

遺伝子への環境のはたらき

以上の経緯から、長寿を解明するにあたって、次のような方針をいま常識としなければならないことが分かる。すなわち、それ単体で長寿を実現する「長寿遺伝子」はない。さらに、心筋症やがんなど重大な病気を引き起こす遺伝子変異を持っていても、その発現を抑止する何らかの仕組みが存在する、と考えることである。

遺伝的感受性（genetic susceptibility）という言いかたがある。親から受け継いだ遺伝子の変異が、両親間でたまたま一致した場合に、病気の原因になるという状態を指して言う。ここでsusceptibilityという語に注目したい。これはsusceptible（影響を受けやすい）という語から来ており、genetic susceptibilityは「遺伝的に、影響を受けやすい状態であること」という意味になる。これは遺伝子変異が病気を「引き起こす」という主体的な側面よりも、外部から何らかの刺激がやってきた場合にそれに「反応する」という、やや受動的な側面を言い表す表現であると言える。

では、外的な刺激とは何か？　それが環境要因である。環境とは生体の外部環境のことで、かなり広く捉えられる。具体的には、食べ物から摂取する栄養と食べ物に含まれる化学物質、タバコや空気中に含まれるさまざまな物質、衛生状態、ウイルスや病原菌への接触、心理的なストレス、概日リズムとの調和具合などである。かつて成人病と呼ばれた、生活習慣病の発症においては、遺伝的感受性と環境要因という組み合わせが「機能」している。

身近で分かりやすい例で言えば、第4章で触れた糖尿病（Ⅱ型糖尿病）がある。よく「うちの家系は糖尿病だ」などと聞くが、そう話す本人が糖尿病かというと、そうでないことが多いだろう。親など近い親族に糖尿病と診断された人が複数いればそのように話すが、本人が「自分もそうなりやすいから、食べ過ぎないように気をつけている」などの文脈であることが多い。この、「そうなりやすい」ことが遺伝的感受性を指し、「食べ過ぎ」は環境要因の一つである。こう見ると、私たちは日常生活においてＤＮＡや遺伝子の概念を思い浮かべることなく、自然に、生活習慣病と遺伝子変異と環境要因との関係を実感し、それに注意を払っている[*17]と言える。

糖尿病の本当の恐ろしさ

本章では老化について考えてきたが、長生きを阻害する要因として病気を捉え、さらにその原因として遺伝的感受性（内的要因）と環境要因（外的要因）を分けて考えるとき、もっとも分かりやすいのは糖尿（病）の例かもしれない。

糖尿病とは非常によく聞く病気の名前だが、病院で診断されるよりも多くの人間が罹患していると考えられている。これは、糖尿病が「潜伏期間」にも似た、無症状の時期を持つからである。

このため、さまざまな研究で参照される厚生労働省の調査では「糖尿病と診断された人の数」だけではなく、血中でブドウ糖と結合したヘモグロビン（HbA1c）の割合が一定程度以上の人の数も調べて合計し、「糖尿病が強く疑われる者」として発表している。[*18]

それによると、2012年の時点で糖尿病が強く疑われる人は、無作為抽出された調査対象（成人）のうち男性15・2％、女性8・7％であった。2013年は男性16・2％、女性9・2％であり、2014年は男性15・5％、女性 9・8％となっていて、2006年以降、「有意な変化は見られない」とされている。[*19] この増加の抑制は、もしかすると健康への意識の高まりと、それに基づく予防の試みの成功を表しているのかもしれない。

しかし、仮に顕著な増加が見られないとしても、問題が小さいわけではない。男性なら7人に1人が罹っている病気と考えると、その数の多さが実感されるだろう。それだけでなく、糖尿病の特性として、〝発展可能性〟という深刻な問題がある。

糖尿病の発症とは、疲れやすくなる、喉が渇きやすくなる、排尿の頻度が高くなる、体重が減る、などである。もちろん個人差は小さくないが、血液を調べれば、静脈から採取した血液なら、空腹時で1デシリットルあたり126ミリグラム以上、食後2時間で同200ミリグラム以上という値になることが多いだろう。先に述べたHbA1cの割合は6・5％を上回りがちである。さらに尿を調べれば尿糖（尿中のブドウ糖尿）が「＋」を示し、量としては1日に1グラム以上が排泄される状態だろう。

しかし、もし、糖尿病の症状が右に挙げただけのものであったら、今ほど重大視される病気にならないだろう。こうした症状の段階を放置すると引き起こされるのが、糖尿病固有の合併症である。糖尿病性の腎症、網膜症、そして末梢神経障害は三大合併症と言われる。[*20] 腎臓は毛細血管が集まった組織（糸球体）で血液を濾過して老廃物を膀胱へ送るが、ブドウ糖を多く含む（血糖値の高い）血液はこの毛細血管を損傷する。目詰まりを起こしたり、破れたりして血液を濾過できなくなり、このような腎機能の低下が進むと最終的には人工透析を受けなければならなくなる。透析を導入する原因の第1がこの腎症という。

先にも述べたが、腎臓の毛細血管を損傷する高糖度の血液は、同様に網膜の毛細血管も損傷する。目詰まりなどで酸素が届かなくなった部分では血管が新生される。この血管が破れやすく、組織内に血液が漏れると、眼球の硝子体という透明な組織が濁って視野に影が生じたり、網膜が剝がれてしまったりする。これが糖尿病性網膜症であり、成人が失明する原因の2位である。

さらに同様に、手足などの神経近くの血管が詰まることで、神経細胞が酸欠になって活動が低下または壊死したり、高糖度の血液から糖分が神経細胞内に伝達され、糖の一種であるソルビトールとして蓄積されて、徐々に機能が障害されたりする。こうして、足を切断する原因のうち外傷でないものの中で1位の原因になっている。

以上が糖尿病に固有とされる合併症だが、さらに別のようにも進行しうる。まず動脈硬化であり、さらにその結果としての心筋梗塞、脳梗塞である。高糖度の血液は、血管内皮にブドウ糖を付着させる。ブドウ糖が血管内皮のタンパク質と反応して炎症を起こし、そこへ血中コレステロールが集まって粥状の塊ができて、内皮の厚みが増して当該部分の血管（動脈）が柔軟でなくなるのが動脈硬化である。血管内皮の厚みが増せば血液の通り道（内腔）は狭くなり、内皮が剝がれたり血液が凝固したりしてできる「血栓」が、血管を塞ぎやすくなる。塞がれた結果起きるのが脳梗塞や心筋梗塞である。[*21] こう見てくると、いわゆる生活習慣病のほぼすべてが糖尿病によって生じ得ることが分かる。「風邪は万病のもと」と言うが、今や「糖尿（病）は万病のもと」という時代である。

糖尿病の原因遺伝子

このような糖尿病の遺伝的感受性と環境要因とは何か。環境要因は比較的はっきりしている。高血糖を生み出す要因がそれに当たり、端的には栄養摂取過多と運動不足である。これらは相関するが、両方あれば負の相乗効果が生じ、症状は悪化の一途をたどる。遺伝的感受性、すなわち有意に糖尿病を発症しやすくする遺伝子変異が何かということについてはまだ不明なことが多い。これも「長寿遺伝子」の場合と同様に、1つの遺伝子がそれだけで糖尿病を引き起こすわけではなく、また1つの遺伝子があれば、それがそのまま遺伝的素因になるわけでもない。

タンパク質をコードするか否かにかかわらず、個人間のDNAで、ある領域中で1個だけ塩基が異なるのは珍しくない。例えば、ＤＮＡ中の塩基の一方の配列が10人のうち９人はＡＣＴＧＡＣだが１人だけＡＣＡＧＡＣとなっていた場合、その人は一塩基多型（single nucleotide polymorphism: ＳＮＰ）を持つと言う。糖尿病（Ⅱ型）について言えば、発症に強く関連する「感受性遺伝子」、すなわちその遺伝子にＳＮＰという変異があれば有意に糖尿病を発症しやすくなる遺伝子が、続々と明らかにされてきた。その数は２０００年には１つだったが、２００７年に10を超え、２０１２年までに80を超えたという。

例えば２００８年に同定されたＫＣＮＱ１という遺伝子は、細胞膜上でカリウムイオンを通過させて細胞の内外をつなぐタンパク質をコードする遺伝子であるが、この遺伝子においてＳＮＰが１つあると、日本人では[*22]、インスリンの分泌が15％低下する。その結果、Ⅱ型糖尿病の発症リスクが１.３倍から１.４倍になるという。また２０１０年に同定されたＵＢＥ２Ｅ２は膵臓にある酵素をコードする遺伝子で、これにＳＮＰがあるとインスリン分泌は15％低下し、発症リスクはＳＮＰが１つの場合１.２倍になり、ＳＮＰが２つあると１.４倍になるとされた。ちなみにＳＮＰは連続する塩基配列の一定区間中で１塩基が入れ替わることであり、離れたところで再びＳＮＰが１つ生じている場合は、ＳＮＰが２つあると表現する。もちろん、遺伝子変異の中には、塩基配列中で隣り合う２個以上の塩基が入れ替わったものも存在する。

いずれにせよ、そうした変異が１つあったからといって将来確実に糖尿病を発症するわけではないことは、環境因子について考えれば当然である。しかし判明しているのは、こうしたＳＮＰ

を多数もつ人においては、糖尿病の発症頻度が上昇しているという事実である。近年コストが急激にダウンして普及している遺伝子検査では、この種の遺伝子を調べ、将来の発生の可能性を示唆するものが多いはずである。

先に、感受性となる遺伝子（内的要因）と環境因子（外的要因）について述べた。これらが連関しているということは確実視されている。しかし、右に述べた80以上の遺伝子と、例えば食べ過ぎや運動不足が関連し合って糖尿病を発症させる仕組みについては、まだほとんど分かっていないのである。

認知症の外因と内因

糖尿病と並んで罹患者が多く、健康寿命の存続に大きく関わるのが認知症である。罹患者は2012年時点で全国で462万人と推計された。*23 2025年には700万人に達するという予測もある。認知症には大きく分けて2つある。脳血管の障害が原因となる血管性認知症とアルツハイマー病であり、後者の方が多く、とくに発症後の治療法がまだ見つかっていない。

糖尿病や長寿に関して、それさえあれば実現するという特定の1つの遺伝子というものはないと述べてきた。しかしアルツハイマー病は別である。若年性の患者で発症者が複数いる家系を遺伝子分析して、3つの「原因遺伝子」が特定された。APP、PSEN1、PSEN2である。

これらのいずれかに変異がある場合、比較的早期にほぼ確実にアルツハイマー病を発症する。しかし一般に、こうした変異を持つ可能性はかなり低い。また、変異があれば発症してしまい、現時点で治療法がない以上、発症後も人生の充実をいかに目指すかという方向へ課題は移っていくだろう。それはヒトという生き物にとって非常に重要な問題だが、ここでは原因遺伝子のような内的要因よりも別の面に注目したい。というのは、原因遺伝子のほかにも発症の要因になりうる変異を持つ遺伝子は多数推定されており、発症の「引き金を引く」のは環境要因であると考えられるからである。

アルツハイマー病の原因遺伝子は1990年代に相次いで特定された。この頃の報道などに接した中には、アルツハイマーは突然発症する不治の病というような印象を抱いた人もいるだろう。しかしその後、原因遺伝子がなくてもアルツハイマー病は発症しうること、その場合の「原因」は遺伝的感受性と環境要因の複合であることが分かってきた。これは、ある意味では朗報である。環境要因を取り除けば発症の確率を下げられることになるからである。

世界中でこの環境要因を明らかにする試みが続けられてきた。日本もある分野では先陣を切っている。福岡県にある人口約8400人の久山(ひさやま)町で半世紀以上にわたり、九州大学が中心となって生活習慣病の疫学調査を行ってきた。清原裕氏によればこの疫学調査は受診率(一貫して90%以上)と追跡率(99%以上)において非常に精度が高い。[24] 1985年が認知症調査の初回で、2012年までの5回の調査では、アルツハイマー病のみが時代とともに増えていることが明らかになった。その原因を、糖尿病、高血圧、喫煙、運動、食事の5項目にわたって調べ、いくつか顕著な知見が得られている。

糖尿病との連関では、前述した食後2時間の血糖値が200ミリグラム/デシリットルを超えると、認知症（アルツハイマー病と血管性認知症）の発症可能性が高まった。高血圧は、血管性認知症の発症確率を高めたが、アルツハイマー病ではその効果は認められなかった。喫煙は、かつては喫煙者の方がリスクが低いと言われたが、久山町のより詳しい調査では、中年期から老年期まで喫煙を続けた場合にアルツハイマー病の発症率が3倍に高まった。ただし老年期になって禁煙した人では非喫煙者と差がなくなった。また久山町研究は運動について世界に先駆けてアルツハイマー病発症率を下げる効果があることを示し、その後の海外での追試でこれが定説となった。最近では運動が45%もアルツハイマー病発症率を下げ、血管性認知症も同様に下げているという。さらに、食事について、大豆（製品）、野菜、海藻、牛乳と乳製品を多く米を少なく食べる（果物やイモや魚が多く酒が少ない傾向もあった）食事パターンが、両タイプの認知症で有意に発症率を下げていた。ただし米の摂取量を単独で見ても、それで認知症が発症しやすいとまでは言えなかった。

なお飲酒については、海外のデータの再分析にとどまったが、その結果、「少量から中量」のアルコール摂取者は、非摂取者に比べて3割も発症率が低いという結果になったという。ただし研究間でこの絶対量が異なるし、そもそも多量摂取者ではこの効果は消えるため、酒を飲めばいいということでは決してないことを言い添えておこう。

久山町ほど長期間ではなく、海外の研究だが、数年間の追跡によって認知症の環境要因をもう1つ検証した実験がある。アメリカのラッシュ大学のロバート・ウィルソン氏らのチームは、平均して5・8年間の追跡で、高齢者の脳機能に対して、脳を使った活動が与える効果を検証した。結果は予測を裏切らなかった。長期にわたって読書、音楽や美術の鑑賞、楽器の演奏、文章の作成などを行っている人では、より頻繁に、あるいはより高齢になってから行っている人びとで、認知機能の低下が32%抑制された。また、そうした活動を行っていない人は、記憶力の低下のスピードが48%大きくなっていたのである。*25

認知症は糖尿病と同様、生き物としてのヒトの健康寿命にとって大きな脅威である。しかしこうして見てくると、認知症も、糖尿病ほどではないにせよ、予防の手段が有効であることが明らかになっているのである。

第5節　老化を防ぐには

運動と神経幹細胞の再生

私たちの精神活動すべてを司っているのは脳であり、脳を構成する細胞である。「脳細胞」という表現は正確ではない。脳を構成する細胞の実体は千数百億個の「神経細胞（ニューロン）」と、そのおよそ10倍の数の「グリア細胞」であり、脳細胞とはこれらの総称である。このうち神経細胞は再生しないというのが20世紀半ばまでの常識であった。よく、18歳から20歳ぐらいまでは増え続けるが、それ以降は増えずに、加齢とともに減り続けると言われていたのである。しかしこれが事実ではなかったことが徐々に明らかになってきた。

筆者は産業技術総合研究所で桑原知子氏ら、またアメリカのソーク研究所のフレッド・ゲイジ氏らと共に、脳内の「海馬」と呼ばれる部分の神経細胞が新しく作られる分子機構を明らかにした。海馬とは、大脳でも小脳でも、また脳幹でもなく、それらに挟まれるような形で脳の奥深くに存在する、左右2つに分かれた、弧状の小さい器官である。これが破壊されると記憶障害を生じることから、記憶を司る器官であることは今や確実視されている。この海馬に神経を新生させる幹細胞（神経幹細胞）があることは知られていたが、この神経幹細胞が、かつては若いうちしか活動しないと思われていたのである。

筆者らは成体のラットとマウスで、Ｗｎｔ３ａというタンパク質のはたらきを操作して、海馬を観察した。Ｗｎｔ３ａタンパク質は本来、グリア細胞で作られており、これが神経幹細胞のいわば〝栄養〟となって不等分裂が開始され、新しい神経細胞が作られ始めることはすでに知られていた。筆者らの実験で明らかになったのはその具体的な仕組みである。簡略化してみよう。

Ｗｎｔ３ａが細胞表面の受容体に結合すると、細胞質内のβカテニンというタンパク質の量が調節される。カテニンとは、細胞と細胞の接着に不可欠なタンパク質である。量が安定したβカテニンは神経幹細胞の核内へと移行し、ＴＣＦ／ＬＥＦという転写因子（ＤＮＡからｍＲＮＡへの「転写」を促進するタンパク質）と複合体（仮称Ｐ）をつくる。このＰがどのようにはたらいているかを実験で確認した。

正常な個体のほかに、遺伝子操作してβカテニンを発現できなくした個体を用意し、両者の海馬における神経幹細胞を比較する。新生細胞には蛍光を発するように処理し、また前駆細胞はその抗体によって赤く染色する。遺伝子操作マウスの海馬は、正常なマウスに比べて、赤色そのものが少なく、さらに蛍光色との重なりも少なくなっていた。これは幹細胞が不活発であること、また新生細胞はあるにはあるが、それが前駆細胞から生まれたものではないことを示していた。

この結果から、Ｐは海馬において、神経幹細胞の分化を促進する因子であることがわかった。

大筋は右のようなものだが、もう少し詳しい機構も明らかになった。Ｐが幹細胞の分裂を促進する一方で、この分化を抑制するＳｏｘ２という因子も存在する。このＳｏｘ２因子と、右の複合因子Ｐは、ある共通の塩基配列（仮称ｂ）を認識する。ｂは幹細胞の不等分裂と分化を誘導する主因子である。このＳｏｘ２は、通常時にはｂに対して幹細胞を不等分裂させずにそのまま維持させる機能を持つが、Ｗｎｔ３ａが受容されると、これを含むＰがｂに対して影響力を持つように切り替わり、複製へのスイッチを入れるのである。

こうした実験はまず創薬へ、また神経幹細胞を使った再生医療の期待を高めるが、それと同時に一般の人びとの興味関心も強く引き付けるだろう。そこで1つヒントになるかもしれないのがランニングである。あくまでマウスの例であるが、ヒトで言うとランニングにあたる運動をさせたマウスで、Ｗｎｔ３ａの発現が上昇することは確かめられている。[*26] 神経幹細胞の再生に身体の運動が果たす役割を、ある意味では示唆したものといえるだろう。

カロリー制限とサーチュイン遺伝子

古くから、カロリーを制限したり、低温環境下にあったりする動物は代謝速度が低下し、それに伴って加齢速度も落ちて、寿命が著しく延長することが実験的に知られていた。例えば、70％にカロリー制限されたアカゲザルは、老化関連疾患——糖尿病、心血管疾患、悪性腫瘍、認知症——の発生頻度が減少し、老化に関連した死亡率の減少も確認された。[*27]

この現象に関連する遺伝子としてサーチュイン sirtuin が同定された。サーチュインタンパク質はヒストン脱アセチル化酵素であり、ヒストンとＤＮＡの結合に影響を与え、遺伝子は発現の調節を行うことで寿命延長効果をもたらすと考えられている。このようなサーチュインの作用メカニズムは、マサチューセッツ工科大学のレオナルド・ガレンテとワシントン大学の今井眞一郎氏のグループが2000年に見出した。[*28]
サーチュイン遺伝子は飢餓やカロリー制限によって活性化されるが、このほかに赤ワインに多く含まれるポリフェノールの一種、レスベラトロールによって活性化されることが判明している。ただし、グラス1杯の赤ワインに含まれるレスベラトロールの量は実験に使われた投与量の0・3％に過ぎず、これは人間の体重に置き換えると1日にボトル100本前後飲まなくてはならなくなり、赤ワインでサーチュイン遺伝子を活性化するのは非現実的である。このため、レスベラトロールを始め、サーチュイン遺伝子を活性化する物質の研究が行われており、サプリメントとしても摂取されることがある。しかし、レスベラトロールの摂取がヒトの寿命や健康維持の増進に役立つか否かは、まだ明らかになっていない。

DNAの修復遺伝子

サーチュイン遺伝子が寿命や老化に関係するとしても、ある1つの遺伝子が働いて長寿にさせるということではなく、いくつかの遺伝子を誰もが持っていて、その遺伝子が邪魔されずに発現したときに長寿が実現するのだろうという見方が定説になっている。遺伝子が働く細胞内のミクロな機構においては、前に述べたDNAの損傷を修復する機構が重要であり、その修復機構によっても直されなかったＤＮＡの変異が蓄積すると、がん化や細胞老化が起こると考えられている。これを治すのが「ＤＮＡの修復遺伝子」である。

まだ分かっていないことが多いが手短に説明しよう。ＤＮＡには複製でミスが起きやすい脆弱な部位がある。リボソームＲＮＡ（ｒＲＮＡ）遺伝子はその１つである。リボソームは第１章で述べたように、メッセンジャーＲＮＡ（ｍＲＮＡ）のコードに従ってアミノ酸を集め、タンパク質を合成する場である。その実体は、膨大な量のタンパク質と、４本のＲＮＡの複合体である。このＲＮＡもＤＮＡによってコードされている。「リボソーム内のＲＮＡを作らせるＤＮＡ」だから「ｒＤＮＡ」と呼ばれる。ｒＤＮＡには塩基配列の反復が多く、複製を間違えやすい。欠損が起きやすいようである。

このｒＤＮＡの複製間違いの修復には、サーチュイン遺伝子の１つであるＳｉｒ２が関与していることが東京大学の小林武彦氏らによって見出された。小林氏らは酵母菌で実験を行い、遺伝子を変異させたサーチュイン遺伝子の１つであるＳｉｒ２を導入して寿命を測定すると、半減してしまった。さらに、正常なＳｉｒ２を増やすと寿命が伸長した。

このことから小林氏は「細胞老化のテロメア仮説」に代わる「細胞老化のｒＤＮＡ仮説」を提唱している。*29 第３節で老化の原因として「ゲノムの不安定化」について述べたが、このゲノムとはより正確に言えばｒＤＮＡであり、細胞老化を引き起こすのは「ｒＤＮＡの不安定化」であるという見方である。さらに、サーチュイン遺伝子はそのｒＤＮＡの不安定化を阻止する因子として働いていると考えられる。

この仮説から導き出される、（細胞）老化は防げるのだろうか。Ｓｉｒ２のはたらきを増すものとして、レスベラトロールのほかにＮＡＤ＋という化合物がある。飢餓やカロリー制限によってＮＡＤ＋が増え、おかげでＳｉｒ２がよく働いて、その結果寿命が伸びるという仕組みになっているのである。さらに近年、ＮＡＤ＋の材料となるＮＭＮという物質を摂取することで、カロリー摂取制限をしなくてもサーチュインを活性化させる効果がもたらされることが報告されている。現在、ＮＭＮの健康に対する治験が計画されている。[*30]

第２節で、チョウザメの１５２年という寿命に驚いた方は少なくないだろう。ところが２０１６年には、ニシオンデンザメという北極海に住むサメが、平均寿命２７０年であることが明らかになった。グリーンランドで捕獲された28個体の中には３９２歳と推定されるメスがいたという。生れたのは１６２４年ということになる。代謝が遅い、すなわち細胞分裂周期が非常に長いことが知られており、右に述べてきたような、ＤＮＡの不安定化が起きる頻度と蓄積するスピードが他の生き物よりよほど遅いのだろう。それだけ長生きすることになる。

４００歳まで生きたいかどうかは別として、ヒトは誰もが長寿を望むと本章冒頭で述べた。しかしそれが単純に生命を維持された状態であるわけではないだろう。いわゆる健康寿命の伸長こそが課題であるはずだ。

先に見たように、老化した肝臓を新しい肝臓と入れ替えるということが実現すれば、その臓器は「若返り」ができることになる。さらにそれを繰り返していけば、その臓器は「老化」を避けられる、すなわち「不老」を手に入れることになるといえるだろう。不老と不死を分けて考えると述べたのはこのことである。しかし、いかに再生医療が進歩したとしても、調子が悪くなるたびに臓器を取り換えるというようなことがヒトにとって現実的であるとは、現時点では考えにくい。加えて、ヒトという種にとってそれが幸福であるかどうかという視点は、今後、より重要になってくる。

噛みくだいて言えば、何でもできるからといって、それをやることが幸福につながるのかを問わないではいられなくなるということである。科学は計量可能なもののみを対象とし、再現できるもののみを真実として受け入れる。科学で幸福を捉えることは可能か？　困難な問いだが、終章で述べるように、かつてない速度でゲノム研究が進む今、ヒトは科学において幸福ということを考えざるを得なくなっている、というのが客観的な事実なのである。

註

*1　トーマス・ランドらの論文（２００５、ネイチャー４３３号）や、ソール・A・ヴィレダらの論文（２０１４、ネイチャーメディスン20号）など。

*2　ベンジャミン・A・アルマンらの論文（２０１５、ネイチャーコミュニケーションズ、２０１５年８月26日）。http://www.nature.com/ncomms/2015/150519/ncomms8131/full/ncomms8131.html.

*3　２０１６年、東京大学の小野岳人氏らの発表。http://www.jst.go.jp/pr/announce/20160311-2/. 掲載はネイチャーコミュニケーションズ、２０１６年3月11日）。http://www.ncbi.nlm.nih.gov/pubmed/26965320.

*4　高木由臣氏は寿命を「受精から死に至るまでの個体の継続期間」あるいは「絶え間なく壊されながら維持される自己同一性、その持続期間」とする（『寿命論』ＮＨＫブックス、２００９年）。

*5　http://www.nytimes.com/1997/08/05/world/jeanne-calment-world-s-elder-dies-at-122.html.

*6　http://www.ipss.go.jp/syoushika/tohkei/Popular/P_Detail2016.asp?fname=T05-13.htm.

*7　国立社会保障・人口問題研究所「日本の将来推計人口（２０１２年1月推計）」より、出生率が中位で死亡率が中位という推計と、出生率が低位で死亡率も低位という推計から数値を採った。いずれの数値も、前者が少なく後者が多くなっている。

*8　菱沼従尹『寿命の限界をさぐる――生命表にみるヒトの寿命史』東洋経済新報社、１９７８年。

*9　小林和正「出土人骨による死亡年齢の研究」『人類学講座11　人口』雄山閣出版、１９７９年。

*10　広く知られるきっかけとなったと思われるのは、本川達雄著『ゾウの時間　ネズミの時間』（中公新書、１９９２年）であろう。

*11　詳細で分かりやすい説明は、小林武彦『寿命はなぜ決まっているのか』（岩波ジュニア新書、２０１６年）などを参照いただきたい。

*12　Baker, D.J., et al "Clearance of p16Ink4a-positive senescent cells delays aging-associated disorders," *Nature*, 479(7372), 2011, pp. 232-236.

*13　前述『寿命はなぜ決まっているのか』87頁。

＊14 http://journals.plos.org/plosone/article?id=10.1371/journal.pone.0112430.

＊15 https://www.jstage.jst.go.jp/article/jse/34/3/34_245/_pdf.

＊16 http://journals.plos.org/plosone/article?id=10.1371/journal.pone.0112430.

＊17 かつては糖尿病、動脈硬化、高血圧など、壮年期以降に発症する病気をまとめて「成人病」と呼んでいた。これが生活習慣に由来することが明らかになったことから、また個々人にその予防を呼びかける意図から、1998年にこれらが「生活習慣病」と呼ばれるようになった。

＊18 厚生労働省の「国民健康・栄養調査」。ここでは、「これまでに糖尿病と診断されたことがある」と答えた人のうちHbA1cの割合が6・0%以上の人、および診断されたことはないがHbA1cの割合が6・5%以上の人を「強く疑われる者」としている。さらに、診断されたことがなくてもHbA1cが6・0%以上6・5%未満の人を「糖尿病の可能性を否定できない者」として発表している。なお2006年以降の調査では、当てはまる人の条件が少しずつ狭められてきた（回答がない人は非該当とし、またHbA1cの値も引き上げられてきた）経緯があり、巷に言われるような、「条件を厳しくして誰でも当てはまるようになっている」ということはないと言える。それだけに、もし今後増加したとすれば問題は深刻である。

＊19 3年間の調査結果は厚生労働省のホームページで見られる。http://www.mhlw.go.jp/bunya/kenkou/kenkou_eiyou_chousa.html.

＊20 福島光夫、雀部沙絵、清野進「糖尿病と先制医療」『実験医学（増刊）』33巻7号、2015年。これ以降、糖尿病に関する記述で適宜参照した。

＊21 もちろん、血管内皮の粥状硬化を招くのは高血糖だけではない。血中の悪性コレステロールも重要な役割を果たす。

＊22 日本人をはじめ東アジアの人びとは、欧米の人びとに比べて糖尿病を発症しやすい。生来インスリンの分泌が少なめなのである。これらの人びとの間では遺伝子の構成がわずかに異なり、欧米の人びとでは発症に関係しないと思われる遺伝子でも、東アジアの人びとにとっては関係してしまうという遺伝子がいくつかあるためと考えられる。糖尿病についての研究では、このような地域差から考えても、東ア

ジア内での共同研究が期待されるところである。

*23　朝田隆研究代表「都市部における認知症有病率と認知症の生活機能障害への対応」２０１３年3月。http://www.tsukuba-psychiatry.com/wp-content/uploads/2013/06/H24Report_Part1.pdf.

*24　清原裕「アルツハイマー病の環境因子」『実験医学（増刊）』33巻7号、２０１５年。これ以降、久山町研究について参照した。

*25　Robert S. W., et. al.," Life-span cognitive activity, neuropathologic burden, and cognitive aging." *Neurology*, 81(4), 2013, pp. 314-321. http://www.neurology.org/content/81/4/314.short.

*26　https://www.ncbi.nlm.nih.gov/pmc/articles/PMC4061808/.

*27　Colman R. J., et al., "Caloric restriction delays disease onset and mortality in rhesus monkeys", *Science*, 325(5937), 2009, pp.201-204.

*28　Imai S., et al., " Transcriptional silencing and longevity protein Sir2 is an NAD-dependent histone deacetylase," *Nature*, 403(6771), 2000, pp.795-800.

*29　前述の小林武彦『寿命はなぜ決まっているのか』など。

*30　http://www.nature.com/articles/njamd201 6 21?WT.mc_id=TWT_NJapan_1611.

終章
ナチュラル・ヒストリーから考える

生存環境としての自然

〝自然との共生〟というスローガンは、耳に聞こえはいいが、どのようなことがイメージされているのだろうか。日に1度も土を踏むことなく、1日の大半を空調の効いた部屋で過ごすような、現代的なヒトの生活からすれば、確かに〝自然〟は遠い存在だろう。

一方、世界でも平均的な大多数のヒトは、現代でも、もう少し植物や昆虫、山や川の存在を感じ、気候を感じながら生きている。ではそうした生活が、ヒトが古来繰り返してきた生活の姿かといえば、決してそうではないだろう。前章で見た、衛生環境も栄養状態も今とは比べ物にならないぐらい悪かった定住前の生活や、さらに遡った20万年前の狩猟・採集の生活こそが、ヒトという種（species）の生活の歴史の95％以上を占めるのである。これこそが自然の中でのヒトの生活である。まさに自然の一部としての生き物だったのである。

このような時代の環境は、個体に不安定をもたらし、ひいては種に不安定をもたらす、克服すべき条件であった。ほかの種にはなかった「言語」や「道具」を駆使し、人類のみが使えた火を使って、周囲の環境を改善し、知識を継承して、少しずつ個体と種に安定をもたらしたのである。その方向性が間違っていたとは、とてもではないが言えないだろう。つまり、ヒトがもう以前のような〝自然〟へ帰れないことは明らかであり、ここを思考の出発点としなければならない。

ヒトは衣服を発達させて寒さを防ぐようになり、建物を造って日差しや雨風を遮り、内部の空気を調節することを覚えた。こうして、個体の健康を損なうほどの厳しい気候から、少しずつ解放され始める。ヒトは〝自然〟から自らを締め出しつつ、安定化を推し進め、基本的には自分の思い通りに環境をコントロールできると考えるようになった。

周囲の環境の改善には熱心だった一方で、ヒトは、地震や台風のような途方もなく大きな自然の力を制御することはできなかった。だから、コントロール能力を超えるような自然災害が起きても、そのこと自体に本来不思議はないはずである。しかし一度起きると社会的なショックは大きい。それは、ヒトは自然が与える条件を克服しているようであっても、自然のはたらきそのものを制御しているわけではないということを、ヒト自身が忘れがちだからである。大きな自然災害は悲惨な結果をもたらすが、こうしたことを思い出させる機会ともなっている。

収容能力を超える

こうしてヒトは現在、70億を超える数にまで増えてきた。同時に、種を挙げて自然との乖離(かいり)を推し進めたように思える。もちろん地球上では、地域間によっては衛生環境、栄養条件が天と地ほども異なるが、基本的にはすべてのヒト種が、先進国がたどってきたような生活環境の改善、具体的には快適さ、便利さ、効率性、豊かさの追求を目指していると考えてよいはずだ。

この方向性に疑問を持った人間は少なくなかった。いわゆる「成長の限界」論が唱えられたのは1972年であった。これは、その頃のペースを維持するなら、世界は100年以内に成長ができなくなるという指摘であった。食糧の生産性や地下資源の埋蔵量に着目したもので、人口と工業生産力の急減が予測されており、地球上の資源の有限性を示唆した提言として象徴的だった。日本にもそれを受け入れる素地があった。1960年代から、水俣病をはじめとする公害と、経済成長との関係が大きな問題になっていたからである。皆が〝経済成長一本槍〟ではまずい、という意識を、少しずつではあるが、普及させることに寄与しただろう。

成長の限界のほかに、「収容能力の限界」という概念もある。carrying capacityという生態学の用語で、「環境収容能力」と訳されることがある。これは地球が収められるヒトの数について言われるようになり、かつては50億人というのが定説だった。現在は90億人から100億人というのが多数説のようである。とはいえそれはおそらく「もっと効率的に資源が配分されれば」という想定のもとであろう。発展途上国で環境の劣悪な場所にあと20億人増えても皆が〝最低限度の生活〟を保障されるわけではないことは容易に想像できるだろう。その意味では、すでに限界を迎えていると見ることも可能である。そうした見方とは無関係に、地球の総人口は2050年までに90億人、世紀末までには100億人に達すると見込まれている。

身の回りの小さな自然を排除することで生体を安定させてきたヒトは、とくにいま先進国において、空前の安定性を享受していると言えるだろう。日本の長寿はその象徴である。

種としてのヒトの方はどうだろうか。とくに、最大の環境である地球という観点から見ると、その安定性ということには疑問を抱かざるを得ない。先に述べた、地域間の環境の格差と、恵まれていない地域で特に人口が増え、生存環境としての地球の収容能力を考えると、ヒトは種として安定していると言うことはできなくなるだろう。もちろんそうした地域では個体としてのヒトも安定しているとは言えない。

繁栄を極めたあと

しかし、ヒトが種として繁栄していない、とは言うことはできないだろう。地上のあらゆるところに〝分布〟し、数十世代にわたって数を増やし続けているのである。

かつてもそのような生き物はいた。まず古生代の5億年前（オルドビス紀）に繁栄した三葉虫である。化石として非常によく見つかり、その時代を特徴づけるものとして、時期を示す「示準化石」として扱われるほどの、古生代の海を代表する生き物である。

次に挙げられるのは、3億年前の「石炭紀」に巨大化していたシダ植物であろうか。今や薄暗いところで地面を覆っているといったイメージのシダは、かつて地上の主役と言えるほどの繁栄を見せていた。そもそも最初に地上に進出した生き物がシダ類である。はじめはごく小さい藻のような植物から進化して、リンボクやロボクと呼ばれるシダ植物となり、強度の高い組織を得て数十メートルにも達し、森林を形成した。今も地下深くに残る石炭の多くは、これらが分解されずに炭化したものである。石炭紀の名はここから来ている。

そして、恐竜が挙げられるだろう。これは中生代（三畳紀・ジュラ紀・白亜紀）を通じ、2億年にわたって栄えた。石炭紀に初めて陸上に上がった動物である両生類は、幼生のときは水中で過ごす。その両生類から、ライフサイクルすべてを地上で済ませられる爬虫類が分岐した。動物として初めて、（水を飲むとき以外には）水際から離れることができたのである。

恐竜が登場したころの大陸は今で言う大陸すべてが1つになっていた超大陸「パンゲア」があったと考えられている。水辺から離れた恐竜には無限とも思える地上の世界が広がっていたと想像することができる。こうして生存圏を急拡大させながら、恐竜は身体をそれまでの生き物では有り得ない水準にまで巨大化（最大では30メートル級）させた。そして私たちが多かれ少なかれ知っているような、多様な形態への進化も経験した。巨大化と多様化を極めた生き物であったと言える。

これらの生き物は、決して単一種ではない。三葉虫は今や1万種あったと言われているし、シダ植物といっても様々である。恐竜は少なくとも500種以上が確認されている。そして、すべてがある時期に比較的短期間に絶滅した。ヒトはただ1種である。1種のみがここまで増加してしまった歴史は、地球にはないだろう。

地球の歴史を1年間に直して駆け足で振り返ってみよう。

地球の誕生を1月1日未明の出来事として現在までを1年間のカレンダーにあてはめると、生命（原核生物）の誕生は3月頃、多細胞生物の誕生は10月中旬である。三葉虫の繁栄は11月下旬であり、シダ林の繁栄が12月上旬、哺乳類が12月半ばに生まれて、その後2週間近く恐竜が繁栄する。人類（猿人）の登場は12月31日の午前10時台で、私たちヒトの誕生（20万年前）は、じつに同日の夜11時30分過ぎであり、1年が終わりかけて、まもなく除夜の鐘が鳴ろうかというころに生まれたことになる。

多細胞生物の誕生までに歴史の約80％を費やし、哺乳類誕生までに95％を費やしている。これほどの時間をかけてヒトは生まれた。また、種としても非常に最近の〝新参者〟である。新参者ではあるが、確実に生物全体――生命システムの一部をなしている。そして、自らの体にナチュラル・ヒストリーを刻み込んでいる。

社会的な変化も見てみよう。ヒトはこの20万年の間に言葉を得て文化を生みだした。社会のルールをつくり、争いや殺し合いを極限まで減らしてきた。同時にさまざまな道具をつくり出し、技術を高め、産業を発展させてきた。特に18世紀半ばからの産業革命以降、石炭や石油などを使った動力によって大量生産が可能になり、人は汽車や汽船、さらには自動車、飛行機と移動手段を得て、地球上のあらゆる場所に活動の拠点を広げていった。便利さや快適さを追求して、生活スタイルを一新し、多くの人々が一定水準の生活を送ることを可能にしたのである。前述の衛生環境・栄養条件の高度化もここに属する。

こうした社会発展のあとに問題が生じた。化石エネルギーの消費による地球温暖化、石油資源の不足、少子高齢化、食糧・水不足、耐性菌の蔓延……。前述の「成長の限界」論が提唱されたのは、これらの問題が顕在化するより少し前の出来事であったかもしれない。しかしこうした問題の多くをすでに予測していた面があった。

問題は多様かつ複雑であり、相互に絡み合っている。それでも、今さら〝自然に環る〟ことのできない私たちは、この袋小路をなんとかして切り抜けて行かなければならない。生き延びていくための生活様式をつくり出さなければならない。そのとき重要なのは、科学技術と人間の関係についての考察であり、人を含めた生命システムとの関係についての哲学である。こう考えればよい、と単純な答えが出るようなことであれば、最初から問題はここまで複雑化しない。本章では、部分的にこれまでの章の論点に関連した話題を取り上げつつ、いくつかヒントになるような考え方を述べてみたい。

本来の「共生」とは何か

20世紀から21世紀へかけての生物学の発展にともない、生き物についての概念が少しずつ転換してきた。かつて、とくに人類について、その歴史は「ウイルスや細菌との闘いの歴史」だったなどと言われたものだが、どうやらそうは言えないらしいことが分かってきた。

例えば、哺乳類の特徴である胎盤ができる過程には、レトロウイルスがかかわっていると考えられている。前章まで幾度か見てきたがん原遺伝子のSrcやMycも、もとはウイルスであった。ウイルスは生物に「侵入」し、おそらく最初は生存をかけた激しい闘いがあったことだろう。しかしその中から、ウイルスを〝包み込む〟生物が現れた。

これは「ウイルスと共生している」と言い換えられる。遺伝子治療で、遺伝子の標的部分に置換のための遺伝子を組み込むとき、運び手（ベクター）としてレトロウイルスを使うのも、ヒトのDNAにレトロウイルス由来の同型の配列があるからである。

第3章では、動物（真核生物）が原核生物であったミトコンドリアの祖先を取り込んで危険な酸素を無害化しつつエネルギーを生成させ、自ら利用するようになった経緯と、植物が同様にミトコンドリアの祖先を取り込んだあとに、葉緑体も取り込んで光合成を担わせ、糖を作らせて自ら利用するようになった経緯を述べた。原核生物とはほぼ細菌を指すと考えていい。生き物は確かに原核生物やウイルスと闘ってきたが、その中から「共生」してしまう個体が出てきて、今やそうした個体がほぼすべてを占めるようになったのである。

つまり、生命の歴史はそのまま共生の歴史でもある。同じ個体の細胞間で行われる物質のやりともあるが、種を超えた異なる個体同士でコミュニケーションを取り合い、物質をやりとりしている例はさまざまなところに見られる。

クローバーなどのマメ科植物では、根が部分的に膨れている。これを根粒（こんりゅう）といい、根粒菌という細菌（バクテリア）が共生している場所である。根粒菌はマメ科植物が光合成でつくったブドウ糖をもらう代わりに、空気中や土壌に含まれる窒素（N_2）を、酵素によって固定し、窒素化合物（アンモニア、NH_3）をつくり出して、これを植物に渡すのである。

マメ科植物に限らず、窒素は、植物の生長に欠かせない必須の成分である。普通の植物は、土壌中の腐植や有機物の分解によってつくられた窒素分を根から吸収して生長しているが、マメ科植物は根粒菌の共生のおかげで腐植や有機物の少ない、いわゆるやせた土地へもいち早く進出し、ほかの植物よりも有利な状態で繁殖できるのである。

植物の細胞内では、窒素化合物からタンパク質のもととなるアミノ酸がつくられる。ヒトを含む動物も、部分的には自分でアミノ酸を合成できるが必要量を満たせず、また生命活動に必要な「必須アミノ酸」の中には合成できないものもある。これらについては、植物や、植物を食べた動物を食べて消化、吸収することによって得ている。

窒素の循環全体を見てみよう。動物や植物が死に、遺骸が細菌（バクテリア）によって分解されてアンモニアなどの窒素化合物になる。この一部は別のバクテリア（硝化細菌）によって硝酸（NHO_3）に変えられる。根粒菌を持たない植物はこれらの窒素化合物を根から吸収して、この中の窒素を利用してアミノ酸を合成する。根粒菌を持つマメ科植物は、根粒菌からアンモニアを受け取り、その中の窒素を利用する。こうして生長した植物を動物が食べ、その動物を肉食動物が食べて排泄する。この排泄物もバクテリアによって分解される。植物が枯れ、動物が死ねば、その遺骸が分解される。このように窒素は循環しているのであり、特に言えるのは、細菌など微生物の働きによるところが大きいということである。

マメ科植物と根粒菌のような持ちつ持たれつの共生関係は「相利共生」と呼ぶ。相互に利益があるからである。同様の例にシロアリがある。木材を食い荒らすとして嫌われるシロアリだが、そのようなほかの種が食料にできないものを食料にした結果、独特の生存環境が確保され、種が生き延びている。これは、シロアリの腸内にいる微生物、さらにはその微生物の細胞内に寄生している細菌のはたらきがあってこそ可能になっている。植物体に含まれるセルロースやリグニンは非常に分解が難しいが、腸内に住む共生生物の複雑な相互作用がこれらを分解して、シロアリが利用できるような炭水化物に変えてくれるのである。

こうした共生は、生物の相互関係を考えるのに重要なヒントを与えてくれる。マメ科植物にしても、シロアリにしても、進化の過程で微生物との共生関係が生まれ、それが互いに利益をもたらすことで、勢力の拡大と種の存続が可能になったと考えられる。似て非なる相互関係には、片方の種だけが一方的に利益を得て、もう片方は利害が生じない「片利共生」もあり、さらには片方が利益を得て、もう片方には害が及ぶ「寄生」もあって、相利共生とは区別されるが、マメ科植物やシロアリは、互いを不可欠とする関係がすでに成立してしまっているのである。

クァン・ジョンとジョーン・ローチによる、アメーバと細菌の共生に関する有名な実験がある。彼らは培養していたアメーバに誤って細菌を感染させ、ほとんどのアメーバを死なせてしまった。ところが生き残ったアメーバもいて、再び増殖した。同時に細菌も一定の割合で増殖していることも分かった。ところが、この状態から細菌を取り除き、アメーバだけにしてみると、アメーバは死んでしまったのである。本来はアメーバだけで生きていたし、当初は細菌の侵入によって死んだものも多かったのに、その時生き残ったものは、すでに細菌と一緒にいなくては生きていけない体になってしまっていたのである。

ヒトでも同様に、微生物の共生が見られる。皮膚や粘膜にはさまざまな種類の細菌が住みつき、死んだ細胞や分泌物を分解して利用するほか、ほかの細菌を寄せつけないようにガードする役割も果たしている。このように、特定の場所に継続的に棲みついている細菌の一群のことを「常在細菌叢（そう）」と呼ぶ。ヒトの体はこうした細菌叢によって、病気になるどころか、それを防いでもらっているのである。細菌叢は体から出る死んだ細胞などを食べるため、これも相利共生の一種であると言える。

腸内フローラという言葉を目にする機会は多い。フローラfloraとはある地域の植物相、植物群などを意味する。細菌の生息を植物にたとえた命名である。腸の中には、さまざまな種類の、おびただしい数の細菌が生息している。こうした腸内細菌が腸内フローラ（腸内細菌叢）と呼ばれることがある。これは年齢や食事、体調によって生息の様相が変化し、安定的な腸内フローラは個人によって異なっている。

前述したようにヒトは〝1本の管〟であり、腸管は体の外部である。外界との接触という意味では、体全体の中でもっとも大きな表面積を占めているのが腸であって、免疫系も発達している。この腸内にすむ微生物は、酵素やアミノ酸などの有益な物質から、腐敗による有害な物質も生み出していて、ヒトの健康に影響を与えているのである。「腸は第二の脳」とも言われるが、腸内細菌の働きによってはホルモンのバランスや気分、思考のパターンさえも変わると言われ、腸の指令で脳が動いている側面もある。また、腸内細菌のはたらきが弱まると、病気に対する抵抗力が落ちる原因になることもある。

善玉菌と悪玉菌という言葉もよく見かける。ヒトにとって有用な働きをしているものを善玉、害をなしているのを悪玉と見る呼び方である。それなら害をなすものを減らし、有用なものを増やせば個体がより健康になるかと言えば、どうやらそうではないらしい。悪玉菌のはたらきを抑えると、善玉菌のはたらきも弱まって、結果的に全体の機能が落ちてしまうのである。これは第

4章で見た、合成と分解のバランスに似た面がある。あくまで均衡が重要なのであって、どちらかを増やすとか減らすというような発想は短絡的で、むしろ逆効果を招いてしまうことがあるのである。

あるいは、腸内を1つの環境と捉えると、環境内で異種の生き物と共存する方が、種は安定的に生きられると考えることもできる。こうして考えてくると、1つの種はそれ自身だけで生きているのではない。異種の生物との複雑な共生関係によって、互いを不可欠のものとして生きていることが理解されよう。

食物連鎖とピラミッド

生き物どうしのつながりと言えば連想されやすいのが食物連鎖かもしれない。食物連鎖はしばしばピラミッドの形で描かれる。底辺から順に細菌、植物、草食動物、そして肉食動物が複数段階ある。これは、例えば、草食性の昆虫がいたとして、それを食べるカエルがいて、さらにそれを食べるヘビ、そしてヘビを食べるタカなどがいるからである。また別の地域では別のピラミッドが描かれうる。草食動物としてシマウマ、その上位の捕食者としてライオンが位置づけられる地域もあるだろう。

現代のヒトをここに位置づけるとしたら、タカやライオンの層、あるいはそれより上の層に入るかもしれない。おそらく、かつてヒトがまだサルと区別されにくかった時代、周囲にはヒトを襲って食べる肉食獣がたくさんいたであろうから、そのときヒトは上から2番目ぐらいの層に入っていたことだろう。現代のヒトは自分が住んでいる地域の野生動物を食べないため、そもそもこのピラミッドに入れるのが適切かどうか分からないが、入れるとすれば実質的に食物連鎖の頂点である。それは、究極的には「自分たちを食べる動物がいるか否か」の判断に基づくだろう。

本来、食物連鎖がピラミッドで描かれる理由は、それが個体の数あるいは生物量を表せるからである。頂点の少数の生き物を養うために、底辺へ向かうにしたがって幾何級数的に、必要な個体数が増えていく。上部の相対的に少ない生物量と、下部の相対的に多い生物量とは均衡の関係にあると言える。ところが今は、頂点に位置する人類の数がどんどん増え続ける一方で、それより下に位置する無数の生物については、生息地域の確実な減少から、数と多様性が減っているであろうこと、また将来的にもそれが進むであろうことが指摘されている。[*1] これは、本来は分厚かったピラミッドの下部をやせ細らせることであり、生物量の均衡を失うことである。

ピラミッドは三角形であるから安定している。この下部がやせ細り、頂点だけ大きくなれば安定性は損なわれる。それがさらに進行すれば、もはや三角形をなさず、いずれ倒れてしまう――つまり、ヒトという種の健全な存続が危ぶまれるようになるか、最悪の場合には生命システム全体が破綻してしまうであろう。生物量の均衡喪失は、種の不安定化要因の1つになる。地球は過去に5度の大規模な絶滅を経験している。ヒトが自然を改変した結果としての、現在進行形の種や個体の減少について、これが〝6度目の大絶滅〟であるとする見方もあるが、それは他人事ではない。ヒトが〝滅びゆく運命〟の中にいないとは誰も言えないのである。

ナチュラル・ヒストリーにあるもの、ないもの

このような未来像は、暗い。次世代のためにも、皆がそれぞれの分野で「別のあり方」を考え、明るい方向に向かうための材料を出しておかなければならない。筆者にとってそのヒントは「ナチュラル・ヒストリー」にある。さらに、それを活かすことのできる、ヒトの英知も忘れてはならない。

ナチュラル・ヒストリーは日本では「自然史」あるいは「生命誌」と訳されるが、嚙みくだいて言うなら「生き物の中にある、生命が歩んできた道の記録」となるだろう。

具体的には、地球の歴史があり、そこに生命が誕生し、さまざまな条件の環境に進出し、種が分化し、新種が生まれる一方で別の種が滅びて今に至ること。また、例えば初期の生物が光合成を行って大気中に酸素を増やし、それによって太陽光線を受ける地上の環境を大きく変えてしまうなど、地球環境との「共進化」によって、今日の自然と生命の多様性が生まれてきたということである。

その中で、それぞれの生き物は個別の特殊性を持ち、それが全体としては多様性となる一方で、

互いに構造や機能の共通性――生物としての普遍性――を持っている。ナチュラル・ヒストリーとは、生き物が歩んできた、このような歴史のことである。

地球上に生物種がどれだけあるかは諸説あるが、ここでは1千万種としておこう。それらの生物の形づくりや歩いてきた道（ナチュラル・ヒストリー）を知ることは、その一部でありながらかなり例外的な種であるヒトが、将来はどこへ向かっていくのかを考えていくときに、基本的な視点になると考えるのである。

ヒトは文化をつくり、社会と産業を発展させながら自然を資源として利用する一方で、自らを自然から乖離させ、人工物に囲まれた〝クリーン〟な環境で暮らすようになってきた。これは何も近年始まったというわけではないが、巷に言う除菌、殺菌などにどれほどの効果があるかは別として、除菌志向の行き届いた環境で暮らせば、おのずと細菌に接触する機会は減る。それは生体にとって安定化、不安定化のどちらに寄与するだろうか。おそらく短期的には、安定化の方のメリットが見えやすいであろう。数十年のスパンで見ると分からない。ヒトはそのように長期的な視点でものを考えることが得意ではないのかもしれない。

生命誌に載っているか否か（ナチュラル・ヒストリーにあるのかないのか）、という明確な線は必ずしもあらゆるところに引けるわけではない。例えばトマトという植物について言えば、いま私たちが口にする大きいトマトは、1000年前には存在しなかったと考えられる。原種はミニトマトに近い小ぶりなもので、ヒトが品種改良を重ねて今のものができた。その意味では、今のトマトはナチュラル・ヒストリーを部分的に残していると言うべきかもしれない。しかし、栽培方法は変わっていない。土に植わり、水が与えられ、1年を超えないライフサイクルで、太陽光で育つのである。これを露地栽培という。

野菜の生産は障害が多い。まず天候の影響を受けやすく、収量減は値段の高騰に直結して消費者を遠ざける。昔から見た目のきれいな野菜は優先的に買われるため、味と並んで外見にも気をつけなければならないし、泥を落とす作業も手間がかかる。別種の事情として、人口が急増する将来の食糧事情や、貿易の自由化に向けての計画的な収穫を考慮する必要もある。こうした問題への対処として注目されているのが「植物工場」である。

まだ数は少なく、採算が取れているところも多くないが、野菜を露地ではなく水耕栽培で育てるもの、太陽光でなく人工光（ＬＥＤ）で育てるものがある。養分は殺菌された水に溶かし、根から吸収させるものもある。できた野菜はもちろん、外見は露地栽培で収穫されたものとは変わらない。見た目はきれいで、泥の洗浄も不要である。こうした野菜が、太陽光を浴び、土壌で育ったものと、何が違うのかは、まだ分からない。おそらくそれが分かるのはしばらく先になるだろう。

土壌との違いは、微生物の数である。片足で土を踏んだ時、その下の土の中には8万匹の土壌生物がいると言われる。これに細菌など微生物を加えると、たったの1立方センチメートルに1億から10億個の個体が生きているとも言われる。微生物の種の数を、ＤＮＡを用いて計算する研究も行われていて、1立方センチメートルには実に10万種から100万種もの微生物が存在するとも言われている。自然や生き物というと目に見えるものだけを考えがちだが、こうした土壌中の生き物がどのような相互関係を持ち、例えば野菜のような作物の栽培に影響を及ぼしているのかについては、実はほとんどわかっていない。議論はあるが、野菜などで発生する病気の多くは、化学肥料や農薬を多用した、土壌微生物の多様性が少ない農地ほど起こりやすく、逆に土壌微生物が多様なほど、特定の病気が蔓延することはないとされている。

植物工場は初期の設備投資や、照明、暖房などに費用がかかるため、現状としてはなかなか採算をとるのが難しい。そのため現状では、特定の栄養素を多く含む機能性の高い品種を育てるなど、高付加価値の作物の栽培が増えている。

しかし、植物については、いかに改良を経たとはいえ、ヒトは長い歴史の間、露地で生長したものを食べてきたのである。土も微生物もなくて野菜ができることはすでに事実が証明しているが、その生育方法が従来のナチュラル・ヒストリーからかけ離れていることは確かである。

肉としてのニワトリの生産も、世界中で大規模工場化が進んだ。主流の種においては品種改良が重ねられ、雛から数十日で出荷が可能な体重（肉量）に達するようになっている。決して広くはない区域に多数の雛が囲われ、照明が長時間灯される。病気にならないよう、抗生剤を混ぜた餌が与えられる。日本では、出荷前の少なくとも7日間以上は、抗生剤が入っていない飼料（休薬飼料という）を与えることが義務付けられており、薬剤の残留を防いでいるというが、抗生剤が常用されていたとしたら、それが効かない耐性菌を生んでしまう危険性も高まる。

これらすべては、ヒトの選好の結果である。市場を通じて食品を選択するヒトが求めるからこそ、こうした食材が流通し、シェアを増やしていくのである。誤解を避けるために言えば、こうした食品がよくないと主張したいのではない。こうしたものが、ナチュラル・ヒストリーにないか、少なくともかなり関連が薄いものであるということを、まず知ることが必要だと言いたいのである。食品の安全性については、過剰に添加物を避けるなど、とくにこの30年ほどの動向には行き過ぎた点も見られる。そうした動きを助長するわけではないが、ナチュラル・ヒストリーの一部である種として、ヒトがみずからの体に取り入れるべきもの、取り入れるべきでないものを自分で考えるにあたっても、その食品が「生命誌」に載っているものであるかどうかという基準は、1つの指針になるだろう。

ヒトはすでにナチュラル・ヒストリーにないものを科学技術によってつくり出し、それに頼って生きる選択を、部分的に開始している。そこにリスクはないだろうか？　いかにヒトが、自然環境を改変できてきたからといって、また高度に発達した医療技術を享受できているからといって、ヒトは所詮、ナチュラル・ヒストリーの末端に位置する、新種の生き物の1種にすぎない。そこへ思いをいたすことは、技術の発展に基づいた未来像を思い描くことよりも、地に足のついた、堅実な態度なのではないだろうか。

先端技術の方向性

科学者として、科学技術の発展や研究の進展を止めさせるような発言をしようとは思わない。しかし発展の方向性に自由に意見を言うことは許されるだろう。それは一市民としての責任でもある。現在、研究が盛んに行われ、応用に期待が高まっている再生医療を、ナチュラル・ヒストリーの視点から見るとどうだろうか。

第2章で見たように、発生の際、胚は、将来さまざまな体の器官の細胞へと変化していく能力（全能性）を持っている。1つの卵細胞から完全な1個体が生まれるのだから。しかし、細胞が分化して、特定の器官を形成すると全能性は低下し、やがては失われてしまう。

いま再生医療研究が進んでいるのは、ES細胞（胚性幹細胞）、iPS細胞、体性幹細胞の3種である。ES細胞は胞胚期の未分化な内部細胞塊を取り出したもので、これがのちに分化して各器官になっていく。つまりES細胞は、卵割して胞胚（ヒトでは胚盤胞）まで分化が進んできた、その自然な順序の流れの中で内部細胞塊の一部を取り出したもので、この点で発生の自然な時間の進行から外れていないと言える。ただしES細胞も、胚から切り離した時点で、人為的な進行になったと言うことはできる。

一方iPS細胞は、すでに分化した細胞を人為的に元に戻せた（初期化できた）ことの学術的意義は高い。これは、発生過程の流れを遡って、未分化状態に戻した細胞である。したがって、自身の皮膚細胞などを使ってiPS細胞をつくることができ、そこから器官を発生させて移植しても拒絶反応が起きない利点があるとされる。しかし、初期化はあくまで人工的なプロセスであり、生物の細胞にとっての自然な時間の進行に沿っていない面がある。iPS細胞を再生医療技術として使うためには、まだ越えなければならないハードルがあるのが実情である。

現在、世界的には体性幹細胞を使った医療が盛んであり、こちらは実用化されている。例えば前述した骨髄移植にはすでに50年の歴史があり、その効果も報告されている。アメリカ、ヨーロッパだけでなく、韓国などでも研究が盛んで、日本は実用化という点では遅れ気味である。研究のための資源が有限である以上、ES細胞、iPS細胞、体性幹細胞それぞれの利点と弱点をよく吟味した上で、バランスのとれた再生医療の研究を進めることが望まれる。

さて、先進国では、生活習慣病や精神・神経疾患が大きな社会負担になっていて、ヒトの種、あるいは人間社会の不安定性の大きな要因になっている。また、いずれの病気も、発症してからの治療は困難であることが多い。よく言われるように医療費もかさんでしまう。そこで、発症前(未病)に予防する「先制医療(予防医療)」の考え方を知っておかねばならない。技術を研ぎ澄ませて、病気を早期に発見する「疾患マーカー」を考えたり、各器官や組織の中で眠っている体性幹細胞を活性化する方法を開発したりして、不調を起こした組織や器官の〝自己再生〟を図るのがよい。本来も自分が持っている仕組みを活かすという医療の発展の方向性も、より積極的に模索されはじめている。これこそヒトの英知であると言えるだろう。

ゲノム編集という新技術も、今後は加速度的に発展していくだろう。世界では私たちが知り得る以上に、挑戦的（野心的とも言える）な研究、実験が日夜進められている。人々の想像を超える技術が、すでに完成された形で世に売り出され衝撃を与えることもある。1世代を越えて継承されうる、生殖細胞に関する遺伝子治療や、かつて行われたロボトミー手術のような、人間の尊厳を損なってしまうような医療は避けるべきである。

ゲノムの解読は終わったが、分かったのは、ゲノムの98％以上が、何のためにあるか分からないというショッキングな事実だった。むしろ、ジャンクと言われた部分に、遺伝子の働きに関与しているものがあることも報告されている。そのような状況で、ヒトは遺伝子やゲノムに介入する技術が将来世代に与えうる影響を、完全に予測できるほど賢くはない。おそらく、分かるようにはならない。そうした技術も知性も、少なくとも自然誌には載っていない。載っていないのなら、それを無視するのではなく、英知をもって考えなければならない。それがヒトの力である。

技術は発展を止めない。しかし、もし技術発展の方向性に問題があるとすれば、その背景になる要因に気づく必要がある。そうすれば、そうした要因とは別の考え方を生み出し、技術発展の方向性に影響を与えることができるかもしれない。ナチュラル・ヒストリーはそのときの指針になるはずだ。

筆者は発生学を専攻してきた。この研究にはイモリやカエルの飼育が不可欠である。実験用のイモリやカエルを産卵させ、孵化させていると気づくことだが、卵から生まれてくる個体のうち、実感として98%は通常の形態を持っている。しかし1%は、ほかの個体とは違った特徴を持って生まれてくる。例えば通常は5本あるツメガエルの指が、4本になっていたりする。あるいはもっと大きな欠損があったり、他の個体とまったく異なる外形を持っていたりする。そして最後の1%程度は、そもそも発生が進まないか、進んだとしても中断されてしまう。これは確率的な事象であり、生き物である限り起きることである。大多数の発生は安定的に進むが、わずかな割合でそうでない発生を経験する個体もある。その一部は発生自体をやめてしまう。生き物とは、そういう存在なのである。このことをまず知らなければならない。生き物は、安定性と不安定性を内に秘めているのである。

飼育や繁殖の経験から分かったことがいくつかある。外形的な変異を持つ個体のうち、変異の幅が相対的に小さいものは、その影響をほぼ感じさせず、通常と同様に生きる可能性が高いということである。指の数が違うといっても、餌の十分ある研究室環境ではもちろん、野生でも生きている個体を見かける。餌も獲れるし、生殖もできる。しかし変異の幅が大きくなるにつれ、そうしたことも少しずつ困難になっていく。そのような個体は、野生では子孫を残す可能性が減ってくる。子孫が残せなかった場合、そうした個体の特徴(形質)は淘汰(とうた)されたと表現することがある。

子育てをする野生動物の場合でも、大きな変異を持った個体は、親からの世話を受ける機会が、ほかの個体よりも減りがちである。結果として、生き延びられる確率も下がる。親が、苦労している子に特別に目をかけるということはない。動物はそのようなシビアな世界を生きている。

しかし、ヒトは違う。ヒトは紛れもなく動物に属するが、種の分化の過程で、前例のない発達度の脳を持つに至った。これは生命誌に載っている事柄である。これによって獲得した能力はいくつかあるが、ここで重要なのは、ほかの個体を思いやる心である。かつて、縄文人が障害を抱えた個体を長く世話していたことを推測させる研究成果があった。[*2] 幼児期に重い病気を患い、四肢を自由に動かせなかった個体が、その後も長らく生き続けていたことが分かり、すでに縄文期にヒトが弱い個体を世話するという習慣を持っていたことの証拠として話題になった。

かつてに比べれば、ヒト社会において、変異を抱えた存在に対する眼差しは冷淡でなくなった。しかしまだ認識が足りていないように思われる。根本的な認識——生き物とは一定の確率で変異を抱えた存在を生み出すものだという認識——が必要である。ヒトは決してその例外ではない。そのことを知れば、「自分もそうであったかもしれない」と分かり、変異を抱える存在への見方はおのずと変わってくるだろう。

かなり古くから、ヒトはこうした存在を受け入れていた。つまり、ほかの個体を思いやり、世話をしようとしていた。この志向は、脳が生み出したものである。ヒトが進化史上獲得した脳は、ヒトにしかないこの志向を生んだ。ナチュラル・ヒストリーを見れば、この脳と、思いやる心の獲得は、ヒトがヒトである条件になっている。

経済合理性の観点から、変異の一部を〝できない〟こと＝〝障害〟と捉え、それを持ったヒトを一方的な福祉や保護の対象と考える人びとがいる。しかし、種内の多様性に対して、経済合理性の観点を持ちこむのは見当違いである。生命誌に載っているのは、ヒトが脳を得、思いやる心を持ったということであり、生き物は一定の確率で、生存の可能性が下がりうる個体を生み出すということである。

この生命誌への記載をもとに考えるなら、ヒトは生存に不利な変異を持つ存在を、動物のように淘汰されるままにしておくわけにはいかない。私たちはそのような種としては生まれついていない。英知をつかう機会はいくらでもある。

少し違う観点もありうる。こうした変異を持つ個体が多いほど、種内の多様性は増す。種内の多様性は、種の安定性に直結する。嚙みくだいて言えば、「色々なヒトが共存する状態が、将来世代の存続可能性を高める」ということである。ゲノムの共通性が小さい集団の方が存続可能性を高める。反対に、ゲノムの共通性が大きいほど（遺伝的バックグラウンドが純化されているほど）その集団はもろくなる。これも筆者の経験的な実感である。

しかし、経済合理性の観点と同様、存続可能性の確保という観点は、変異を抱えたヒトを受け入れるか否かという判断に持ち込まれるべきではないだろう。それよりも、ナチュラル・ヒストリーを知りさえすれば、生存に不利な個体を見捨てないということが、ヒトがヒトたるゆえんであることが分かるからである。それが、巨大な脳の持つ意味であり、ヒトが持つ力なのである。これを使わなければならない。使わなければ自己否定である。

前項で述べた、技術発展の方向性を決める要因とは何か。それは、快適さや便利さ、効率性を追求する心であり、経済的な利益を最大化しようとする欲求である。こうした志向はおそらく、社会発展を支えるという意味で、今後もある程度必要なものだろう。

しかし、こうした志向だけではおそらく今後のヒトの社会がやって行けないことに、人々はうすうす気づいている。便利さと豊かさは、似ているようでずれる部分が大きい。便利さと幸福も、近いようでいて、実はほとんど関係がない。幸福なき便利さを求める意味はない。金銭的な利益が幸福と直結しないことを示す事例は少なくない。そうしたことをヒトが知り、ナチュラル・ヒストリーについての知識が広がって行けば、技術発展の方向性に影響を与えずにはおかないだろう。

ナチュラル・ヒストリーを知るべきである。ほかの生き物について知り、ヒトとの共通点と相違点を知るべきである。ヒトが他を思いやる心を身につけたという事実を振り返り、自らもそれを実践すべきである。そうしたことが、個体としてのヒトと、種としてのヒトを同時に豊かにし、安定させることになると、筆者は考えている。

註

＊1　https://www.env.go.jp/policy/hakusyo/h23/html/hj11010302.html.

＊2　https://www.jstage.jst.go.jp/article/ase1911/92/2/92_2_87/_pdf.

おわりに

長いあいだ、イモリやカエルを対象にした発生生物学を通して、生き物の「安定」と「不安定」について考え続けてきた。野外ではさまざまな生き物とその変化を目にし、わずか40年間あまりではあったが、生き物が生きていくための知恵や力を垣間見たり、生き物の世界で多様性が失われつつあることを実感したりしてきた。そして、ヒトという種がこれからどうなっていくのかについても、深く考えさせられることがたびたびあった。

現在の生命科学では、主として、研究室内でのみ継続的に飼育されているモデル生物を使って研究が行われている。モデル生物では、ほぼ同一の遺伝子をもつ個体がつくられる。研究の再現性をよく担保してくれるからである。現代生命科学の基盤的知識はモデル生物の研究から形成されたと言ってよく、その意味で非常に大きな意義がある。

しかしモデル生物は地球上に生息する生物種の1％にも満たない。形態形成遺伝子などでいかに生き物の基礎構造が共通しているといっても、実験やモデル生物から得られる知見は、部分的なものにとどまることが多い。だからこそ地道に研究を積み重ねて、生命の全体像に到達しようとする意欲がなければならない。未知の領域は、まだまだたくさん残されている。

そして、遺伝的バックグラウンドが均一化されたはずの動植物や細胞株でも、少しずつ個体差が出てくることがある。遺伝的な特徴は人為的な管理によって安定しているかに見えて、実際には温度などの飼育条件が環境要因としてはたらいて、遺伝情報のエピジェネティックな変化が起き、再び多様化の方向へ向かっていくという事実がある。モデル生物と野生生物を比較したとき、どちらがより個体として、また種として安定しているのか、結論を出すのは難しい。そして、ゲノムや遺伝子のレベルから、細胞、個体、生態系までを見ていくと、なおさらその感を深くする。

筆者はイモリやカエルから多くのことを学んだ。彼らの仲間が歩んできた3億数千万年という道のりと、人類の700万年、ヒトの20万年という道のりを比べると、イモリの生命力の強さも納得できる気がする。

本書では、高校で生物を学ばなかった人でもじっくり読めば理解できるように、代表的な例を取り上げて、できるだけ分かりやすい言葉で述べてみた。生き物の持つ安定性と不安定性がどのようなものであるのか、いくらかでも感じ取っていただければ幸いである。

長いあいだ考え続けてきたことを1冊の本にすべて書き込むことはできないが、この本でその一端を理解してもらい、これからのヒトや生命について考えるための一助としていただけたら、著者として望外の喜びである。これからも生命科学の発展、とりわけ生物学の発展と理解の促進のために、微力ながら力を尽くしていきたい。

末筆になりましたが、本書を書くことを勧めてくださり、細かい部分までいろいろとご協力いただいたＮＨＫブックス編集部の倉園哲さんに心から感謝します。また刊行にあたっては、八杉貞雄先生（首都大学東京名誉教授）や林洋平博士（筑波大学所属）にも大変お世話になりました、ライターの三好正人さんにもご協力いただきました。皆さんには記して感謝します。

２０１６年11月

浅島　誠

は　行

ま　行

や　行

ら　行

さ　行

た　行

な　行

索引

欧字

あ行

か行

浅島 誠（あさしま・まこと）

1944年新潟県生まれ。東京大学名誉教授、産業技術総合研究所名誉フェロー。専攻は発生生物学、生命科学。東京大学博士（理学）。日本学士院賞・恩賜賞受賞、紫綬褒章受章、文化功労者、佐渡市名誉市民（第一号）。東京教育大学理学部卒業、東京大学大学院理学研究科修了後、ドイツ・ベルリン自由大学分子生物学研究所でハインツ・ティーデマン研究室の研究員。横浜市立大学教授のとき、分化誘導物質としてアクチビンを世界で初めて同定。東京大学教養学部教授、同学部長、同大副学長、日本学術振興会理事などを経て現在、東京理科大学副学長、筑波大学理事。

著書は『発生のしくみが見えてきた』（岩波書店）、『新しい発生生物学』（木下圭と共著、講談社ブルーバックス）、『分子発生生物学〔改訂版〕』『図解分子細胞生物学』『動物の発生と分化』（以上、駒崎伸二と共著、裳華房）など。監修・執筆に高校教科書『生物』（東京書籍）、『理科年表』（丸善）など。

NHK BOOKS 1243

生物の「安定」と「不安定」
生命のダイナミクスを探る

2016（平成28）年12月25日　第1刷発行

著　者　**浅島 誠**

発行者　**小泉公二**

発行所　**NHK出版**

東京都渋谷区宇田川町41-1　郵便番号150-8081
電話 0570-002-247（編集） 0570-000-321（注文）
ホームページ　http://www.nhk-book.co.jp
振替　00110-1-49701

装幀者　**水戸部 功**

印　刷　**三秀舎・近代美術**

製　本　**三森製本所**

Printed in Japan　ISBN978-4-14-091243-0 C1345

NHK BOOKS

*自然科学

植物と人間—生物社会のバランス— 宮脇 昭
アニマル・セラピーとは何か 横山章光
ミトコンドリアはどこからきたか—生命40億年を遡る— 黒岩常祥
免疫・「自己」と「非自己」の科学 多田富雄
生態系を蘇らせる 鷲谷いづみ
がんとこころのケア 明智龍男
快楽の脳科学—「いい気持ち」はどこから生まれるか— 廣中直行
心を生みだす脳のシステム—「私」というミステリー— 茂木健一郎
脳内現象—〈私〉はいかに創られるか— 茂木健一郎
物質をめぐる冒険—万有引力からホーキングまで— 竹内 薫
確率的発想法—数学を日常に活かす— 小島寛之
算数の発想—人間関係から宇宙の謎まで— 小島寛之
日本人になった祖先たち—DNAから解明するその多元的構造— 篠田謙一
交流する身体—〈ケア〉を捉えなおす— 西村ユミ
内臓感覚—脳と腸の不思議な関係— 福土 審
カメのきた道—甲羅に秘められた2億年の生命進化— 平山 廉
暴力はどこからきたか—人間性の起源を探る— 山極寿一
最新・月の科学—残された謎を解く— 渡部潤一編著
細胞の意思—〈自発性の源〉を見つめる— 団 まりな
寿命論—細胞から「生命」を考える— 高木由臣
塩の文明誌—人と環境をめぐる5000年— 佐藤洋一郎／渡邉紹裕
水の科学［第三版］ 北野 康
太陽の科学—磁場から宇宙の謎に迫る— 柴田一成
形の生物学 本多久夫
ロボットという思想—脳と知能の謎に挑む— 浅田 稔
進化思考の世界—ヒトは森羅万象をどう体系化するか— 三中信宏
クジラは海の資源か神獣か 石川 創
ノーベル賞でたどるアインシュタインの贈物 小山慶太
女の老い・男の老い—性差医学の視点から探る— 田中冨久子
イカの心を探る—知の世界に生きる海の霊長類— 池田 譲
生元素とは何か—宇宙誕生から生物進化への137億年— 道端 齊
土壌汚染—フクシマの放射線物質のゆくえ— 中西友子
有性生殖論—「性」と「死」はなぜ生まれたのか— 高木由臣
自然・人類・文明 F・A・ハイエク／今西錦司
新版 稲作以前 佐々木高明
納豆の起源 横山 智
医学の近代史—苦闘の道のりをたどる— 森岡恭彦
気候変動で読む地球史—限界地帯の自然と植生から— 水野一晴

※在庫品切れの際はご容赦下さい。